U0236816

水利水电工程施工实用手册

钢筋工程施工

《水利水电工程施工实用手册》编委会　编

中国环境出版社

图书在版编目(CIP)数据

钢筋工程施工 / 《水利水电工程施工实用手册》编委会编. —北京:中国环境出版社,2017.12
(水利水电工程施工实用手册)
ISBN 978-7-5111-3059-4

Ⅰ.①钢… Ⅱ.①水… Ⅲ.①水利水电工程－配筋工程－工程施工－技术手册 Ⅳ.①TV332-62

中国版本图书馆 CIP 数据核字(2017)第 013978 号

出 版 人	武德凯	
责任编辑	罗永席	
责任校对	尹 芳	
装帧设计	宋 瑞	

出版发行　**中国环境出版社**
　　　　　(100062 北京市东城区广渠门内大街 16 号)
　　　　　网　　址:http://www.cesp.com.cn
　　　　　电子邮箱:bjgl@cesp.com.cn
　　　　　联系电话:010－67112765(编辑管理部)
　　　　　　　　　　010－67112739(建筑分社)
　　　　　发行热线:010－67125803,010－67113405(传真)
　　　　　印装质量热线:010－67113404

印　　刷	北京盛通印刷股份有限公司	
经　　销	各地新华书店	
版　　次	2017 年 12 月第 1 版	
印　　次	2017 年 12 月第 1 次印刷	
开　　本	787×1092　1/32	
印　　张	9.625	
字　　数	257 千字	
定　　价	30.00 元	

《水利水电工程施工实用手册》
编 委 会

《钢筋工程施工》

主　　编：钟汉华

副 主 编：张四明　鲍石平

参编人员：刘桂清　罗　欣　刘　俊　陶益昌

　　　　　姚可宝　胡晓红

主　　审：罗维成　付兴安

水利水电工程施工虽然与一般的工民建、市政工程及其他土木工程施工有许多共同之处,但由于其施工条件较为复杂,工程规模较为庞大,施工技术要求高,因此又具有明显的复杂性、多样性、实践性、风险性和不连续性的特点。如何科学、规范地进行水利水电工程施工是一个不断实践和探索的过程。近 20 年来,我国水利水电建设事业有了突飞猛进的发展,一大批水利水电工程相继建成,取得了举世瞩目的成就,同时水利水电施工技术水平也得到极大的提高,很多方面已达到世界领先水平。对这些成熟的施工经验、技术成果进行总结,进而推广应用,是一项对企业、行业和全社会都有现实意义的任务。

为了满足水利水电工程施工一线工程技术人员和操作工人的业务需求,着眼提高其业务技术水平和操作技能,在中国水利工程协会指导下,湖北水总水利水电建设股份有限公司联合湖北水利水电职业技术学院、中国水电基础局有限公司、中国水电第三工程局有限公司制造安装分局、郑州水工机械有限公司、湖北正平水利水电工程质量检测公司、山东水总集团有限公司等十多家施工单位、大专院校和科研院所,共同组成《水利水电工程施工实用手册》丛书编委会,组织编写了《水利水电工程施工实用手册》丛书。本套丛书共计 16 册,参与编写的施工技术人员及专家达 150 余人,从 2015 年 5 月开始,历时两年多时间完成。

本套丛书以现场需要为目的,只讲做法和结论,突出“实用”二字,围绕“工程”做文章,让一线人员拿来就能学,学了就会用。为达到学以致用的目的,本丛书突出了两大特点:一是通俗易懂、注重实用,手册编写是有意把一些繁琐的原理分析去掉,直接将最实用的内容呈现在读者面前;二是专业独立、相互呼应,全套丛书共计 16 册,各册内容既相互关联,又相对独立,实际工作中可以根据工程和专业需要,选择一本或几本进行参考使用,为一线工程技术人员使用本手册提供最大的便利。

《水利水电工程施工实用手册》丛书涵盖以下内容:

1)工程识图与施工测量;2)建筑材料与检测;3)地基与基础处理工程施工;4)灌浆工程施工;5)混凝土防渗墙工程施工;6)土石方开挖工程施工;7)砌体工程施工;8)土石坝工程施工;9)混凝土面板堆石坝工程施工;10)堤防工程施工;11)疏浚与吹填工程施工;12)钢筋工程施工;13)模板工程施工;14)混凝土工程施工;15)金属结构制造与安装(上、下册);16)机电设备安装。

在这套丛书编写和审稿过程中,我们遵循以下原则和要求对技术内容进行编写和审核:

1)各册的技术内容,要求符合现行国家或行业标准与技术规范。对于国内外先进施工技术,一般要经过国内工程实践证明实用可行,方可纳入。

2)以专业分类为纲,施工工序为目,各册、章、节格式基本保持一致,尽量做到简明化、数据化、表格化和图示化。对于技术内容,求对不求全,求准不求多,求实用不求系统,突出丛书的实用性。

3)为保持各册内容相对独立、完整,各册之间允许有部分内容重叠,但本册内应避免出现重复。

4)尽量反映近年来国内外水利水电施工领域的新技术、新工艺、新材料、新设备和科技创新成果,以便工程技术人员参考应用。

参加本套丛书编写的多为施工单位的一线工程技术人员,还有设计、科研单位和部分大专院校的专家、教授,参与审核的多为水利水电行业内有丰富施工经验的知名人士,全体参编人员和审核专家都付出了辛勤的劳动和智慧,在此一并表示感谢! 在丛书的编写过程中,武汉大学水利水电学院的申明亮、朱传云教授,三峡大学水利与环境学院周宜红、赵春菊、孟永东教授,长江勘测规划设计研究院陈勇伦、李锋教高,黄河勘测规划设计有限公司孙胜利、李志明教授级高工等,都对本书的编写提出了宝贵的意见,我们深表谢意!

中国水利工程协会组织并主持了本套丛书的审定工作，有关领导给予了大力支持，特邀专家们也都提出了修改意见和指导性建议，在此表示衷心感谢！

由于水利水电施工技术和工艺正在不断地进步和提高，而编写人员所收集、掌握的资料和专业技术水平毕竟有限，书中难免有很多不妥之处乃至错误，恳请广大的读者、专家和工程技术人员不吝指正，以便再版时增补订正。

让我们不忘初心，继续前行，携手共创水利水电工程建设事业美好明天！

《水利水电工程施工实用手册》编委会
2017 年 10 月 12 日

目 录

第一章

钢　　筋

特别提示

　　钢筋是指钢筋混凝土用和预应力钢筋混凝土用钢材，其横截面为圆形，有时为带有圆角的方形。包括光圆钢筋、带肋钢筋、扭转钢筋。钢筋混凝土用钢筋是指钢筋混凝土配筋用的直条或盘条状钢材，其外形分为光圆钢筋和变形钢筋两种，交货状态为直条和盘圆两种。

　　光圆钢筋实际上就是普通低碳钢的小圆钢和盘圆。带肋钢筋通常带有2道纵肋和沿长度方向均匀分布的横肋。横肋的外形分为螺旋形、人字形、月牙形3种。用公称直径的毫米数表示。带肋钢筋的公称直径相当于横截面相等的光圆钢筋的公称直径。钢筋的公称直径为6~50mm，推荐采用的直径为6mm、8mm、12mm、16mm、20mm、25mm、32mm、40mm。钢筋在混凝土中主要承受拉应力。带肋钢筋由于肋的作用，和混凝土有较大的黏结能力，因而能更好地承受外力的作用。

第一节　热轧光圆钢筋

　　热轧光圆钢筋指经热轧成型，横截面通常为圆形，表面光滑的成品钢筋。目前热轧光圆钢筋屈服强度特征值为300级。牌号为HPB300（HPB为热轧光圆钢筋的英文缩写，英文为Hot rolled Plain Bars）。

一、尺寸、外形、重量及允许偏差

1. 公称直径范围及推荐直径

钢筋的公称直径范围为6～22mm,国家标准推荐的钢筋公称直径为 6mm、8mm、10mm、12mm、16mm、20mm。

2. 公称横截面面积与理论重量

钢筋的公称横截面面积与理论重量列于表1-1。

表 1-1　　　　　　　钢筋的公称横截面面积与理论重量

公称直径/mm	公称横截面面积/mm²	理论重量/(kg/m)
6	28.27	0.222
8	50.27	0.395
10	78.54	0.617
12	113.1	0.888
14	153.9	1.21
16	201.1	1.58
18	254.5	2.00
20	314.2	2.47
22	380.1	2.98
25	490.9	3.85
28	615.8	4.83
32	804.2	6.31
36	1018	7.99
40	1257	9.87
50	1964	15.42

注：表中理论重量按密度为7.85g/cm³ 计算。

3. 光圆钢筋的截面形状及尺寸允许偏差

光圆钢筋的直径允许偏差和不圆度应符合表1-2的规定。钢筋实际重量与理论重量的偏差符合表1-1规定时,钢筋直径允许偏差不作交货条件。

表 1-2 光圆钢筋的直径允许偏差和不圆度

公称直径/mm	允许偏差/mm	不圆度/mm
6(6.5)	±0.3	≤0.4
8		
10		
12		
14	±0.4	
16		
18		
20		
22		

4. 长度及允许偏差

（1）长度。钢筋可按直条或盘卷交货。直条钢筋定尺长度应在合同中注明。

（2）长度允许偏差。按定尺长度交货的直条钢筋其长度允许偏差范围为 0～+50mm。

5. 弯曲度和端部

直条钢筋的弯曲度应不影响正常使用,总弯曲度不大于钢筋总长度的 0.4%。钢筋端部应剪切正直,局部变形应不影响使用。

6. 重量及允许偏差

钢筋按实际重量交货,也可按理论重量交货。直条钢筋实际重量与理论重量的允许偏差应符合表 1-3 的规定。

表 1-3 直条钢筋实际重量与理论重量的允许偏差

公称直径/mm	实际重量与理论重量的偏差
6～12	±7%
14～22	±5%

按盘卷交货的钢筋,每根盘条重量应不小于 500kg,每盘重量应不小于 1000kg。

二、技术要求

1. 牌号和化学成分

（1）钢筋牌号及化学成分（熔炼分析）应符合表 1-4 的规定。

表 1-4　　　　　钢筋化学成分

牌号	化学成分（质量分数），不大于				
	C	Si	Mn	P	S
HPB300	0.25%	0.55%	1.50%	0.045%	0.050%

（2）钢中残余元素铬、镍、铜含量应各不大于 0.30%，供方如能保证可不作分析。

（3）钢筋的成品化学成分允许偏差应符合《钢的成品化学成分允许偏差》（GB/T 222—2006）的规定。

2. 冶炼方法

钢以氧气转炉、电炉冶炼。

3. 力学性能、工艺性能

（1）钢筋的屈服强度 R_{eL}、抗拉强度 R_m、断后伸长率 A、最大力总伸长率 A_{gt} 等力学性能特征值应符合表 1-5 的规定。表 1-5 所列各力学性能特征值，可作为交货检验的最小保证值。

表 1-5　　　　　钢筋的力学性能

牌号	R_{eL}/MPa	R_m/MPa	A	A_{gt}	冷弯试验 180° d—弯芯直径 a—钢筋公称直径
	不小于				
HPB300	300	420	25.0%	10.0%	$d=a$

（2）根据供需双方协议，伸长率类型可从 A 或 A_{gt} 中选定。如伸长率类型未经协议确定，则伸长率采用 A，仲裁检验时采用 A_{gt}。

（3）弯曲性能。按表 1-5 规定的弯芯直径弯曲 180°后，钢筋受弯曲部位表面不得产生裂纹。

4．表面质量

（1）钢筋应无有害的表面缺陷,按盘卷交货的钢筋应将头尾有害缺陷部分切除。

（2）试样可使用钢丝刷清理,清理后的重量、尺寸、横截面面积和拉伸性能满足标准的要求,锈皮、表面不平整或氧化铁皮不作为拒收的理由。

（3）当带有规定的缺陷以外的表面缺陷的试样不符合拉伸性能或弯曲性能要求时,则认为这些缺陷是有害的。

三、试验方法

1．检验项目

每批钢筋的检验项目、取样方法和试验方法应符合表1-6的规定。

表 1-6　　　　钢筋的检验取样方法和试验方法

序号	检验项目	取样数量	取样方法	试验方法
1	化学成分（熔炼分析）	1	《钢和铁　化学成分测定用试样的取样和制样方法》（GB/T 20066—2006）	《钢铁及合金化学分析方法》（GB/T 223—2000）《碳素钢和中低合金钢多元素含量的测定　火花放电原子发射光谱法（常规法）》（GB/T 4336—2016）
2	拉伸	2	任选两根钢筋切取	《金属材料　拉伸试验》（GB/T 228—2010）
3	弯曲	2	任选两根钢筋切取	《金属材料　弯曲试验方法》（GB/T 232—2010）
4	尺寸	逐支（盘）		上述规定
5	表面	逐支（盘）		目视
6	重量偏差		上述规定	上述规定

注:对化学分析和拉伸试验结果有争议时,仲裁试验分别按《钢铁及合金化学分析方法》（GB/T 223—2000）、《金属材料　拉伸试验》（GB/T 228—2010）进行。

2．力学性能、工艺性能试验

（1）拉伸、弯曲试验试样不允许进行车削加工。

（2）计算钢筋强度用截面面积采用表 1-1 所列公称横截面面积。

（3）最大力总伸长率 A_{gt} 的检验，采用规定试验方法。

3. 尺寸测量

钢筋直径的测量应精确到 0.1mm。

4. 重量偏差的测量

（1）测量钢筋重量偏差时，试样应从不同根钢筋上截取，数量不少于 5 支，每支试样长度不小于 500mm。长度应逐支测量，精确到 1mm。测量试样总重量时，偏差应不大于总重量的 1%。

（2）钢筋实际重量与理论重量的偏差（百分数）按公式（1-1）计算

$$重量偏差 = \frac{试样实际总重量 - (试样总长度 \times 理论重量)}{试样总长度 \times 理论重量} \times 100\%$$

$$(1\text{-}1)$$

5. 检验结果

检验结果的数值修约与判定应符合《冶金技术标准的数值修约与检测数值的判定》（YB/T 081—2013）的规定。

四、检验规则

钢筋的检验分为特征值检验和交货检验。

1. 特征值检验

（1）特征值检验适用于下列情况：

a）供方对产品质量控制的检验；

b）需方提出要求，经供需双方协议一致的检验；

c）第三方产品认证及仲裁检验。

（2）特征值检验应按规范规则进行。

2. 交货检验

（1）交货检验适用于钢筋验收批的检验。

（2）组批规则。钢筋应按批进行检查和验收，每批由同一牌号、同一炉罐号、同一尺寸的钢筋组成。每批重量通常不大于 60t。超过 60t 的部分，每增加 40t（或不足 40t 的余数),增加一支拉伸试验试样和一支弯曲试验试样。

允许由同一牌号、同一冶炼方法、同一浇注方法的不同炉罐号组成混合批。各炉罐号含碳量之差不大于 0.02％,含锰量之差不大于 0.15％。混合批的重量不大于 60t。

（3）检验项目和取样数量。钢筋检验项目和取样数量应符合规定。

（4）检验结果。各检验项目的检验结果应符合规定。

（5）复验与判定。钢筋的复验与判定应符合《型钢验收、包装、标志及质量证明书的一般规定》(GB/T 2101—2008)的规定。

五、包装、标志和质量证明书

钢筋的包装、标志和质量证明书应符合《型钢验收、包装、标志及质量证明书的一般规定》(GB/T 2101—2008)的有关规定。

1. 包装

（1）尺寸小于或等于 30mm 的圆钢、方钢、钢筋、六角钢、八角钢和其他小型型钢;边宽小于 50mm 的等边角钢;边宽小于 63mm×40mm 的不等边角钢;宽度小于 60mm 的扁钢;每米重量不大于 8kg 的其他型钢必须成捆交货。其他规格的型钢如果选择成捆交货,其成捆要求也应符合标准要求。每捆型钢应用钢带、盘条或铁丝捆扎结实,并一端平齐。

根据需方要求并在合同中注明可先捆扎成小捆,然后将数小捆再捆成大捆。

（2）成捆交货型钢的包装应符合表 1-7 的规定。包装类别通常由供方选择,经供需双方协议并在合同中注明,可采用其他包装类别。

倍尺交货的型钢、同捆长度差不受表 1-7 限制。

同一批中的短尺应集中捆扎,少量短尺集中捆扎后可并入大捆中,与该大捆的长度差不受表 1-7 限制。

长度小于或等于 2000mm 的锻制钢材,捆扎道次应不少于 2 道。

表 1-7　　　　　　　　　　成捆交货型钢的包装

包装类别	每捆重量/kg ≤	捆扎道次		同捆长度差/mm ≤
		长度≤6000mm	长度>6000mm	
		≤		
1	2000	4	5	1000
2	4000	3	4	2000
3	5000	3	4	—

采用人工进行装卸的型钢,需在合同中注明。每捆重量不得大于 80kg,长度等于或者大于 6000mm,均匀捆扎不少于 3 道;长度小于 6000mm,捆扎不少于 2 道。

冷拉钢应成捆或成盘交货,包装除符合表 1-7 的规定外,还应涂防锈油或防锈涂剂,用中性防潮纸和包装材料依次包裹,铁丝捆牢。捆重不得大于 2t。

热轧盘条应成盘或成捆(可由数盘组成)交货。盘和捆均用铁丝、盘条或钢带捆扎牢固,不少于 2 道。

2. 标志

标志应包括供方名称(商标)、牌号、炉(批)号、型号、规格、重量或每捆根数。标志可采用热轧印、打钢印、喷印、盖印、挂标牌、粘贴标签和放置卡片等方式。标志应字迹清楚,牢固可靠。

成捆(盘)交货的钢筋,每捆(盘)至少挂两个标牌,标牌上应有供方名称(或厂标)、牌号、炉(批)号、尺寸(或型号)、重量等印记。

3. 质量证明书

每批交货的钢筋应附有证明该批钢筋符合标准要求和订货合同的质量证明书。

填写质量证明书应字迹清楚,并注明以下内容:

a) 供方名称或商标;

b) 需方名称;

c) 发货日期；

d) 标准号；

e) 牌号；

f) 炉(批)号、交货状态、加工用途、重量、支数或件数；

g) 品种名称、尺寸(型号)和级别；

h) 标准和合同中所规定的各项试验结果；

i) 供方质量监督部门印记。

第二节　热轧带肋钢筋

一、有关概念

普通热轧钢筋为按热轧状态交货的钢筋。其金相组织主要是铁素体加珠光体，不得有影响使用性能的其他组织存在。

细晶粒热轧钢筋指在热轧过程中，通过控轧和控冷工艺形成的细晶粒钢筋。其金相组织主要是铁素体加珠光体，不得有影响使用性能的其他组织存在，晶粒度不粗于9级。

带肋钢筋指横截面通常为圆形，且表面带肋的混凝土结构用钢材。

纵肋指平行于钢筋轴线的均匀连续肋。

横肋指与钢筋轴线不平行的其他肋。

月牙肋钢筋指横肋的纵截面呈月牙形，且与纵肋不相交的钢筋。

公称直径指与钢筋的公称横截面面积相等的圆的直径。

相对肋面积指横肋在与钢筋轴线垂直平面上的投影面积与钢筋公称周长和横肋间距的乘积之比。

肋高指测量从肋的最高点到芯部表面垂直于钢筋轴线的距离。

肋间距指平行钢筋轴线测量的两相邻横肋中心间的距离。

二、分类、牌号

钢筋按屈服强度特征值分为 400 级、500 级。钢筋牌号的构成及其含义见表 1-8。

表 1-8   钢筋牌号的构成及其含义

类别	牌号	牌号构成	英文字母含义
普通热轧钢筋	HRB400 HRB500	由 HRB＋屈服强度特征值构成	HRB 为热轧带肋钢筋的英文 (Hot rolled Ribbed Bars)缩写
细晶粒热轧钢筋	HRBF400 HRBF500	由 HRBF＋屈服强度特征值构成	HRBF 为在热轧带肋钢筋的英文缩写后加"细"的英文 (Fine)首位字母

三、订货内容

按本部分订货的合同至少应包括下列内容：

a) 本部分编号；

b) 产品名称；

c) 钢筋牌号；

d) 钢筋公称直径、长度(或盘径)及重量(或数量，或盘重)；

e) 特殊要求。

四、尺寸、外形、重量及允许偏差

(一)公称直径范围及推荐直径

钢筋的公称直径范围为 6～50mm，国家标准推荐的钢筋公称直径为 6mm、8mm、10mm、12mm、16mm、20mm、25mm、32mm、40mm、50mm。

(二)公称横截面面积与理论重量

钢筋的公称横截面面积与理论重量列于表 1-1。

(三)带肋钢筋的表面形状及尺寸允许偏差

(1)带肋钢筋横肋设计原则应符合下列规定。

1)横肋与钢筋轴线的夹角 β 不应小于 45°，当该夹角不大于 70°时，钢筋相对两面上横肋的方向应相反。

2)横肋公称间距不得大于钢筋公称直径的 0.7 倍。

3)横肋侧面与钢筋表面的夹角 α 不得小于 45°。

4）钢筋相邻两面上横肋末端之间的间隙（包括纵肋宽度）总和不应大于钢筋公称周长的 20%。

5）当钢筋公称直径不大于 12mm 时，相对肋面积不应小于 0.055；公称直径为 14mm 和 16mm 时，相对肋面积不应小于 0.060；公称直径大于 16mm 时，相对肋面积不应小于 0.065。

（2）带肋钢筋通常带有纵肋，也可不带纵肋。

（3）带肋钢筋采用月牙肋表面形状时，尺寸和允许偏差应符合表 1-9 的规定。钢筋的实际重量与理论重量的偏差符合表 1-10 规定时，钢筋的内径偏差可不作交货条件。

（4）不带纵肋的月牙肋钢筋，其内径尺寸可按表 1-9 的规定作适当调整，但重量允许偏差仍应符合表 1-10 的规定。

（四）长度及允许偏差

1. 长度

钢筋通常按定尺长度交货，具体交货长度应在合同中注明。

钢筋可以盘卷交货，每盘应是一条钢筋，允许每批有 5% 的盘数（不足两盘时可有两盘）由两条钢筋组成。其盘重及盘径由供需双方协商确定。

2. 长度允许偏差

钢筋按定尺交货时的长度允许偏差为 ±25mm。

当要求最小长度时，其偏差为 +50mm。

当要求最大长度时，其偏差为 -50mm。

（五）弯曲度和端部

直条钢筋的弯曲度应不影响正常使用，总弯曲度不大于钢筋总长度的 0.4%。

钢筋端部应剪切正直，局部变形应不影响使用。

（六）重量及允许偏差

钢筋可按理论重量交货，也可按实际重量交货。按理论重量交货时，理论重量为钢筋长度乘以表 1-1 中钢筋的每米理论重量。

表 1-9　带肋钢筋尺寸和允许偏差

（单位：mm）

公称直径	内径 d		横肋高 h		纵肋高 h₁ ≤	横肋宽 b	纵肋宽 a	间距 l		横肋末端最大间隙（公称周长的10%弦长）
	公称尺寸	允许偏差	公称尺寸	允许偏差				公称尺寸	允许偏差	
6	5.8	±0.3	0.6	+0.3	0.8	0.4	1.0	4.0		1.8
8	7.7	±0.4	0.8	+0.4 −0.3	1.1	0.5	1.5	5.5		2.5
10	9.6	±0.4	1.0	±0.4	1.3	0.6	1.5	7.0		3.1
12	11.5	±0.4	1.2	+0.4 −0.5	1.6	0.7	1.5	8.0	±0.5	3.7
14	13.4	±0.4	1.4		1.8	0.8	1.8	9.0	±0.5	4.3
16	15.4	±0.4	1.5		1.9	0.9	1.8	10.0	±0.5	5.0
18	17.3	±0.4	1.6	±0.5	2.0	1.0	2.0	10.0	±0.5	5.6
20	19.3	±0.5	1.7		2.1	1.2	2.0	10.0		6.2
22	21.3	±0.5	1.9		2.4	1.3	2.5	10.5	±0.8	6.8
25	24.2	±0.5	2.1	±0.6	2.6	1.5	2.5	12.5	±0.8	7.7
28	27.2	±0.5	2.2		2.7	1.7	3.0	12.5	±0.8	8.6
32	31.0	±0.6	2.4	+0.8 −0.7	3.0	1.9	3.0	14.0	±1.0	9.9
36	35.0	±0.6	2.6	+1.0 −0.8	3.2	2.1	3.5	15.0	±1.0	11.1
40	38.7	±0.7	2.9	±1.1	3.5	2.2	3.5	15.0	±1.0	12.4
50	48.5	±0.8	3.2	±1.2	3.8	2.5	4.0	16.0	±1.0	15.5

注：1. 纵肋斜角为 0°～30°。
2. 尺寸 a、b 为参考数据。

钢筋实际重量与理论重量的允许偏差应符合表 1-10 的规定。

表 1-10　　钢筋实际重量与理论重量的允许偏差

公称直径/mm	实际重量与理论重量的偏差
6～12	±7%
14～20	±5%
22～50	±4%

五、技术要求

1. 牌号和化学成分

(1) 牌号及化学成分和碳当量(熔炼分析)应符合表 1-11 的规定。根据需要,钢中还可以加入 V、Nb、Ti 等元素。

表 1-11　　　　钢筋牌号及化学成分和碳当量

牌号	化学成分					
	C	Si	Mn	P	S	C_{eq}
HRB400 HRBF400	0.25%	0.80%	1.60%	0.045%	0.045%	0.54%
HRB500 HRBF500						0.55%

(2) 碳当量 C_{eq}(%)值可按公式(1-2)计算:

$$C_{eq} = C + Mn/6 + (Cr + V + Mo)/5 + (Cu + Ni)/15$$

(1-2)

(3) 钢的氮含量应不大于 0.012%。供方如能保证可不作分析。钢中如有足够的氮结合元素,含氮量的限制可适当放宽。

(4) 钢筋的成品化学成分允许偏差应符合 GB/T 222—2006 的规定,碳当量 C_{eq} 的允许偏差为 +0.03%。

2. 交货型式

钢筋通常按直条交货,直径不大于 12mm 的钢筋也可按盘卷交货。

3. 力学性能

（1）钢筋的屈服强度 R_{el}、抗拉强度 R_m、断后伸长率 A、最大力总伸长率 A_{gt} 等力学性能特征应符合表 1-12 的规定。表 1-12 中所列各力学性能特征值，可作为交货检验的最小保证值。

表 1-12　　　　　　钢筋的力学性能

牌号	R_{el}/MPa	R_m/MPa	A	A_{gt}
	不小于			
HRB400 HRBF400	400	540	16%	7.5%
HRB500 HRBF500	500	630	15%	

（2）直径 28～40mm 各牌号钢筋的断后伸长率 A 可降低 1%；直径大于 40mm 各牌号钢筋的断后伸长率 A 可降低 2%。

（3）有较高要求的抗震结构适用牌号为：在表 1-12 中已有牌号后加 E（如 HRB400E、HRBF400E）的钢筋。该类钢筋除应满足以下 a)、b)、c)的要求外，其他要求与相应的已有牌号钢筋相同。

a) 钢筋实测抗拉强度与实测屈服强度之比 R_m/R_{el} 不小于 1.25。

b) 钢筋实测屈服强度与表 1-12 规定的屈服强度特征值之比 R_{el}/R_{el} 不大于 1.30。

c) 钢筋的最大力总伸长率 A_{gt} 不小于 9%。

注：R_m 为钢筋实测抗拉强度；R_{el} 为钢筋实测屈服强度。

（4）对于没有明显屈服强度的钢筋，屈服强度特征值 R_{el} 应采用规定比例延伸强度 $R_{p0.2}$。

（5）根据供需双方协议，伸长率类型可从 A 或 A_{gt} 中选定。如伸长率类型未经协议确定，则伸长率采用 A，仲裁检验时采用 A_{gt}。

4. 工艺性能

（1）弯曲性能。按表 1-13 规定的弯芯直径弯曲 180°后，钢筋受弯曲部位表面不得产生裂纹。

表 1-13   **钢筋弯芯直径**   （单位：mm）

牌号	公称直径 d	弯芯直径
HRB400 HRBF400	6～25	4d
	28～40	5d
	>40～50	6d
HRB500 HRBF500	6～25	6d
	28～40	7d
	>40～50	8d

（2）反向弯曲性能。根据需方要求，钢筋可进行反向弯曲性能试验。

1）反向弯曲试验的弯芯直径比弯曲试验相应增加一个钢筋公称直径。

2）反向弯曲试验：先正向弯曲 90°后再反向弯曲 20°。两个弯曲角度均应在去载之前测量。经反向弯曲试验后，钢筋受弯曲部位表面不得产生裂纹。

5. 疲劳性能

如需方要求，经供需双方协议，可进行疲劳性能试验。疲劳试验的技术要求和试验方法由供需双方协商确定。

6. 焊接性能

（1）钢筋的焊接工艺及接头的质量检验与验收应符合相关行业标准的规定。

（2）普通热轧钢在生产工艺、设备有重大变化及新产品生产时进行型式检验。

（3）细晶粒热轧钢筋的焊接工艺应经试验确定。

7. 晶粒度

细晶粒热轧钢筋应做晶粒度检验，其晶粒度不粗于 9 级，如供方能保证可不做晶粒度检验。

8. 表面质量

（1）钢筋应无有害的表面缺陷。

（2）只要经钢丝刷刷过的试样的重量、尺寸、横截面面积和拉伸性能不低于标准的要求，锈皮、表面不平整或氧化铁皮不作为拒收的理由。

（3）当带有表面缺陷的试样不符合拉伸性能或弯曲性能要求时，则认为这些缺陷是有害的。

六、试验方法

（一）检验项目

每批钢筋的检验项目、取样方法和试验方法应符合表1-14的规定。

表1-14　每批钢筋的检验项目、取样方法和试验方法

序号	检验项目	取样数量	取样方法	试验方法
1	化学成分（熔炼分析）	1	《钢和铁　化学成分测定用试样的取样和制样方法》（GB/T 20066—2006）	《钢铁及合金化学分析方法》(GB/T 223—2000)《碳素钢和中低合金钢多元素含量的测定 火花放电原子发射光谱法（常规法）》(GB/T 4336—2016)
2	力学	2	任选两根钢筋切取	《金属材料　拉伸试验》(GB/T 228—2010)
3	弯曲	2		《金属材料　弯曲试验方法》(GB/T 232—2010)
4	反向弯曲	1		《钢筋混凝土用钢筋弯曲和反向弯曲试验方法》(YB/T 5126—2003)
5	疲劳试验			供需双方协议
6	尺寸	逐支		上述规定
7	表面	逐支		目视
8	重量偏差	上述规定		上述规定
9	晶粒度	2	任选两根钢筋切取	《金属平均晶粒度测定法》(GB/T 6394—2002)

注：对化学分析和拉伸试验结果有争议时，仲裁试验分别按《钢铁及合金化学分析方法》(GB/T 223—2000)、《金属材料拉伸试验》(GB/T 228—2010)进行。

（二）拉伸、弯曲、反向弯曲试验

（1）拉伸、弯曲、反向弯曲试验试样不允许进行车削加工。

（2）计算钢筋强度用截面面积采用表 1-1 所列公称横截面面积。

（3）最大力总伸长率 A_{gt} 的检验，采用规定的试验方法。

（4）反向弯曲试验时，经正向弯曲后的试样，应在 100℃温度下保温不少于 30min，经自然冷却后再反向弯曲。当供方能保证钢筋经人工时效后的反向弯曲性能时，正向弯曲后的试样亦可在室温下直接进行反向弯曲。

（三）尺寸测量

（1）带肋钢筋内径的测量应精确到 0.1mm。

（2）带肋钢筋纵肋、横肋高度的测量采用测量同一截面两侧横肋中心高度平均值的方法，即测取钢筋最大外径，减去该处内径，所得数值的一半为该处肋高。应精确到 0.1mm。

（3）带肋钢筋横肋间距采用测量平均肋距的方法进行测量。即测取钢筋一面上第 1 个与第 11 个横肋的中心距离，该数值除以 10 即为横肋间距，应精确到 0.1mm。

（四）重量偏差的测量

（1）测量钢筋重量偏差时，试样应从不同根钢筋上截取，数量不少于 5 支。每支试样长度不小于 500mm。长度应逐支测量，应精确到 1mm。测量试样总重量时，偏差应不大于总重量的 1%。

（2）钢筋实际重量与理论重量的偏差（百分数）按式（1-3）计算：

$$重量偏差 = \frac{试样实际总重量 - （试样总长度 \times 理论重量）}{试样总长度 \times 理论重量} \times 100\%$$

（1-3）

七、检验规则

钢筋的检验分为特征值检验和交货检验。

（一）特征值检验

1. 特征值检验适用范围

（1）供方对产品质量控制的检验；

（2）需方提出要求，经供需双方协议一致的检验；

（3）第三方产品认证及仲裁检验。

2. 特征值检验规则

（1）试验组批。为了试验，交货应细分为试验批。

（2）每批取样数量。化学成分（成品分析），应从不同根钢筋取两个试样。

（3）试验结果的评定：

1）参数检验。

为检验规定的性能，如特性参数 R_{el}、R_m、A_{gt} 或 A，应确定以下参数：

a. 15 个试样的所有单个值 X_i($n=15$)；

b. 平均值 m_{15}($n=15$)；

c. 标准偏差 S_{15}($n=15$)。

如果所有性能满足公式（1-4）给定的条件，则该试验批符合要求：

$$m_{15} - 2.33 \times S_{15} \geqslant f_k \tag{1-4}$$

式中：f_k——要求的特征值；

2.33——当 $n=15$，90% 置信水平（$1-\alpha=0.90$），不合格率 5%（$P=0.95$）时验收系数 K 的值。

如果所有性能满足公式（1-5）给定的条件，则该试验批符合要求：

$$m_{60} - 1.93 \times S_{60} > f_k \tag{1-5}$$

式中：1.93——当 $n=60$，90% 置信水平（$1-\alpha=0.90$），不合格率 5%（$P=0.95$）时验收系数 K 的值。

2）属性检验。

当试验性能规定为最大或最小值时，15 个试样测定的所有结果应符合要求，此时，应认为该试验批符合要求。

当最多有两个试验结果不符合条件时，应继续进行试验,此时,应从该试验批的不同根钢筋上,另取45个试样进行试验,这样可得到总计60个试验结果,如果60个试验结果中最多有2个不符合条件,该试验批符合要求。

3）化学成分。两个试样均应符合要求。

（二）交货检验

1. 适用范围

交货检验适用于钢筋验收批的检验。

2. 组批规则

（1）钢筋应按批进行检查和验收,每批由同一牌号、同一炉罐号、同一规格的钢筋组成。每批重量通常不大于60t。超过60t的部分,每增加40t(或不足40t的余数),增加一个拉伸试验试样和一个弯曲试验试样。

（2）允许由同一牌号、同一冶炼方法、同一浇注方法的不同炉罐号组成混合批,但各炉罐号含碳量之差不大于0.02%,含锰量之差不大于0.15%。混合批的重量不大于60t。

3. 检验项目和取样数量

钢筋检验项目和取样数量应符合规定。

4. 检验结果

各检验项目的检验结果应符合规定。

5. 复验与判定

钢筋的复验与判定应符合《钢及钢产品交货一般技术要求》(GB/T 17505—2016)的规定。

八、包装、标志和质量证明书

带肋钢筋的表面标志应符合下列规定。

（1）带肋钢筋应在其表面轧上牌号标志,还可依次轧上经注册的厂名(或商标)和公称直径毫米数字。

（2）钢筋牌号以阿拉伯数字或阿拉伯数字加英文字母表示, HRB400、HRB500 分别以 4、5 表示, HRBF400、HRBF500 分别以 C4、C5 表示。厂名以汉语拼音字头表示。公称直径毫米数以阿拉伯数字表示。

（3）公称直径不大于10mm的钢筋,可不轧制标志,可采用挂标牌方法。

（4）标志应清晰明了，标志的尺寸由供方按钢筋直径大小作适当规定，与标志相交的横肋可以取消。

牌号带 E（例如 HRB400E、HRBF400E 等）的钢筋，应在标牌及质量证明书上明示。

除上述规定外，钢筋的包装、标志和质量证明书应符合《型钢验收、包装、标志及质量证明书的一般规定》（GB/T 2101—2008）规定。

第三节　钢筋现场保管

钢筋现场保管注意事项：

（1）钢筋在运输和储存时，必须保留标牌，并按此分批堆放整齐，避免锈蚀和污染。

（2）起吊钢筋或钢筋骨架时，下方禁止站人，待钢筋骨架降落至离地面或安装标高 1m 以内人员方准靠近操作，待就位放稳支撑好后，方可摘钩。

（3）机械垂直吊运钢筋时，应捆扎牢固，吊点应设置在钢筋束的两端。有困难时，才在该束钢筋的重心处设吊点，钢筋要平稳上升，不得超重起吊。

（4）注意钢筋切勿碰触电源，严禁钢筋靠近高压线路，钢筋与电源线路的安全距离应符合表 1-15、表 1-16 的要求。

表 1-15　在建筑工程（含脚手架具）的外侧边缘与外电架空线路的边线之间的最小安全操作距离

外电线路电压/kV	<1	1~10	35~110	154~220	330~500
最小安全操作距离/m	4	6	8	10	15

注：上、下脚手架的斜道严禁搭设在有外电线路的一侧。

表 1-16　施工现场的机动车道与外电架空线路交叉时的最小垂直距离

外电线路电压/kV	<1	1~10	35
最小安全操作距离/m	6	7	7

第二章

钢 筋 构 造

特别提示

★钢筋混凝土结构中，包括受力钢筋和构造钢筋。构造钢筋不承受主要的作用力，只起维护、拉结、分布作用。构造钢筋的类型有：分布筋、构造腰筋、架立钢筋、与主梁垂直的钢筋、与承重墙垂直的钢筋、板角的附加钢筋。

第一节 一 般 规 定

对钢筋构造的一般规定见《混凝土结构设计规范》(GB 50010—2010)(2015 年版)第 4.2.1 条。

钢筋屈服强度、抗拉强度的标准值及极限应变见表 2-1。

表 2-1 　　　　　　　钢筋强度标准值及极限应变

种类	符号	公称直径 d/mm	屈服强度 f_{yk} /(N/mm²)	抗拉强度 f_{stk} /(N/mm²)	极限应变 ε_{su}
HPB300		6～22	300	420	不小于 10.0%
HRB400、HRBF400、RRB400	ϕ、ϕ^F、ϕ^R	6～50	400	540	不小于 7.5%
HRB500、HRBF500	ϕ、ϕ^F	6～50	500	630	

注：当采用直径大于 40mm 的钢筋时，应经相应的试验检验或有可靠的工程经验。

预应力钢绞线、钢丝和精轧螺纹钢筋的抗拉强度、屈服强度标准值及极限应变应按表 2-2 采用。

表 2-2   预应力筋强度标准值及极限应变

种类	符号	直径/mm	屈服强度 f_{pyk} /(N/mm²)	抗拉强度 f_{ptk} /(N/mm²)	极限应变 ε_{su}
中强度预应力钢丝	光面 ϕ^{PM} 螺旋肋 ϕ^{PM}	5、7、9	680	800	不小于 3.5%
			820	970	
			1080	1270	
消除应力钢丝	光面 ϕ^{P} 螺旋肋 ϕ^{H}	5	1330	1570	
			1580	1860	
		7	1330	1570	
		9	1250	1470	
			1330	1570	
钢绞丝 (3股)	1×3 ϕ^{S}	6.5、8.6、10.8、12.9	1330	1570	
			1580	1860	
			1660	1960	
钢绞丝 (7股)	1×7	9.5、12.7、15.2、21.6	1460	1720	
			1580	1860	
			1660	1960	
			1460	1720	
精轧螺纹钢筋	螺旋纹 ϕ^{T}	18、25、32、40、50	785	980	
			930	1080	
			1080	1230	

注：1. 消除应力钢丝、中强度预应力钢丝及钢绞线筋的条件屈服强度取为抗拉强度的 0.85；

2. 预应力螺纹钢筋的条件屈服强度根据产品国家标准《预应力混凝土用螺纹钢筋》(GB/T 20065—2006)确定。

第二节　混凝土保护层

钢筋的保护层厚度是指从混凝土外表面至钢筋外表面的距离。主要起保护钢筋免受大气锈蚀的作用，不同部位的钢筋，保护层厚度也不同。结构中最外层钢筋的混凝土保护层厚度应不小于钢筋的公称直径。

一、GB50010—2010(2015 年版)对混凝土保护层的规定

设计使用年限为 50 年的混凝土结构，其保护层厚度尚应符合表 2-3 的规定。设计使用年限为 100 年的混凝土结构，其最外层钢筋的混凝土保护层厚度应不小于表 2-3 数值的 1.4 倍。

表 2-3　　　　　　　　钢筋的混凝土保护层最小厚度　　　（单位：mm）

环境类别及耐久性作用等级	板墙壳	梁柱
一 a	15	20
二 b	20	25
三 b	20	30
二 c	25	35
三 c	30	35
四 c	30	40
三 d	35	45
四 d	40	50

注：1. 混凝土强度等级不大于 C25 时，表中保护层厚度数值增加 5mm；

2. 与土壤接触的混凝土结构中，钢筋的混凝土保护层厚度不应小于 40mm；当无垫层时，直接在土壤上现浇底板中钢筋的混凝土保护层厚度不小于 70mm。

二、《水工混凝土结构设计规范》(SL191—2008)对混凝土保护层的规定

纵向受力钢筋的混凝土保护层厚度（从钢筋外边缘算起）不应小于钢筋直径及表 2-4 所列的数值，同时也不宜小于粗骨料最大粒径的 1.25 倍。

表 2-4　　　　　　　　混凝土保护层最小厚度　　　（单位：mm）

项次	构件类别	环境条件类别				
		一	二	三	四	五
1	板、墙	20	25	30	45	50
2	梁、柱、墩	25	35	45	55	60
3	截面厚度小于 3m 的底板及墩墙		40	50	60	65

注：1. 直接与基土接触的结构底层钢筋，保护层厚度应当增大；

2. 有抗冲耐磨要求的结构面层钢筋，保护层厚度应当增大；

3. 混凝土强度等级小低于 C20 且浇筑质量有保证的预制构件或薄板，保护层厚度可按表中数值减小 5mm；

4. 钢筋表面涂塑或结构外表面敷设永久性涂料或面层时，保护层厚度可适当减小；

5. 钢筋端头保护层不应小于 15mm；

6. 严寒和寒冷地区受冰冻的部位，保护层厚度还应符合现行《水工建筑物抗冰冻设计规范》(GB/T 50662—2011)的规定。

混凝土是碱性的。在钢筋外层形成碱性膜,可防止混凝土表面腐蚀,但随着时间的变化,这个碱性会慢慢地被中和,就是碳化。室内正常温度环境下,碳化过程是每两年 1mm,故 25mm 的保护层,碳化需要 50 年。现在通常是 50 年的设计使用年限,所以保护层在室内温度环境下取 25mm。保护层过厚,则易产生裂纹,导致钢筋锈蚀。保护层过薄,则在施工中容易产生露筋。

三、施工措施

为控制钢筋保护层厚度,在混凝土结构里一般要设置砂浆垫块、加塑料垫片或采取其他措施。

第三节 钢筋的锚固

特别提示

★钢筋混凝土结构中钢筋能够受力,主要是依靠钢筋和混凝土之间的黏结锚固作用,因此钢筋的锚固是混凝土结构受力的基础。如锚固失效,则结构将丧失承载能力并由此导致结构破坏。

钢筋的锚固长度一般指梁、板、柱等构件的受力钢筋伸入支座或基础中的总长度,可以直线锚固和弯折锚固。弯折锚固长度包括直线段和弯折段。钢筋锚固长度根据《混凝土结构设计规范》(GB50010—2010)第8.3.1条的规定计算。

一、普通受拉钢筋的锚固长度

绑扎骨架中的受力光圆钢筋应在末端做成 $180°$ 弯钩,带肋钢筋和焊接骨架、焊接网以及轴心受压构件中的光面钢筋可不做弯钩。

当板厚小于 120mm 时,板的上层钢筋可做成直抵板底的直钩。

当计算中充分利用钢筋的抗拉强度时,伸入支座的锚固长度不应小于表 2-5 中规定的数值。纵向受压钢筋的锚固长度不应小于表 2-5 所列数值的 0.7 倍。

表 2-5　　　　普通受拉钢筋的最小锚固长度 l_a

项次	钢筋类型	混凝土强度等级					
		C15	C20	C25	C30	C35	C40
1	HPB300 钢筋	$40d$	$35d$	$30d$	$25d$	$25d$	$20d$
3	HRB400 钢筋、RRB400 钢筋		$50d$	$40d$	$35d$	$35d$	$30d$

注：1. 表中 d 为钢筋直径；

2. 表中光面钢筋的锚固长度 l_a 值不包括弯钩长度。

二、纵向受拉钢筋的锚固长度

当符合下列条件时,计算的锚固长度应进行修正:

(1) 当 HRB400 级和 RRB400 级钢筋的直径大于 25mm 时,其锚固长度应乘以修正系数 1.1;

(2) HRB400 级和 RRB400 级的环氧树脂涂层钢筋,其锚固长度应乘以修正系数 1.25;

(3) 当钢筋在混凝土施工过程中易受扰动(如滑模施工)时,其锚固长度应乘以修正系数 1.1;

(4) 当 HRB400 级和 RRB400 级钢筋在锚固区的间距大于 180mm,混凝土保护层厚度大于钢筋直径 3 倍或大于 80mm 且配有箍筋时,其锚固长度可乘以修正系数 0.8;

(5) 除构造需要的锚固长度外,当纵向受力钢筋的实际配筋截面面积大于其设计计算截面面积时,如有充分依据和可靠措施,其锚固长度可乘以设计计算截面面积与实际配筋截面面积的比值。但对有抗震设防要求及直接承受动力荷载的结构构件,不得采用此项修正;

(6) 构件顶层水平钢筋(其下浇筑的新混凝土厚度大于 1m 时)的 l_a 宜乘以修正系数 1.2。

经上述修正后的锚固长度不应小于表 2-5 中的计算锚固长度的 0.7 倍,且不应小于 250mm。

三、纵向受拉钢筋的附加锚固形式

当 HRB400 级和 RRB400 级纵向受拉钢筋锚固长度不

能满足上述规定时,可在钢筋末端做弯钩,见图 2-1(a)、加焊锚板,见图 2-1(b),或在末端采用贴焊锚筋,见图 2-1(c)等附加锚固形式。贴焊的锚筋直径取与受力筋的直径 d 相同,锚筋长度可取为 $5d$;弯钩的弯转角为 $135°$,弯钩直段为 $5d$(抗震地区弯钩直段为 $10d$)。

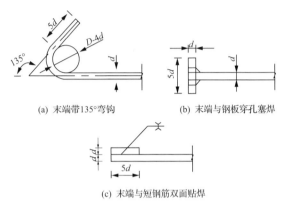

(a) 末端带135°弯钩　　　　(b) 末端与钢板穿孔塞焊

(c) 末端与短钢筋双面贴焊

图 2-1　钢筋附加锚固的形式及构造要求

采用附加锚固后,最小锚固长度可按上述规定的 l_a 乘以附加锚固的折减系数 0.7 后取用,但需符合下列要求:

1)钢筋的侧向保护层不小于 $3d$;

2)锚固长度范围内,箍筋间距不大于 $5d$ 及 $100mm$;箍筋直径不应小于 $0.25d$,箍筋数量不少于 3 个;当纵向钢筋的混凝土保护层厚度不小于钢筋直径的 5 倍时,可不配置上述箍筋;

3)附加锚固端头的搁置方向宜偏向截面内部或平置。

贴焊锚筋及做弯钩的锚固形式不宜用于受压钢筋的锚固。

第四节　钢　筋　的　接　头

钢筋连接接头注意事项:

(1)钢筋的接头应优先采用机械连接接头或焊接接头。

轴心受拉及小偏心受拉构件(如桁架和拱的拉杆)以及承受振动的构件的纵向受力钢筋不得采用绑扎搭接接头。

双面配置受力钢筋的焊接骨架,不得采用绑扎搭接接头。

受拉钢筋直径 $d>28mm$,或受压钢筋直径 $d>32mm$ 时,不宜采用绑扎搭接接头。

钢筋接头设计有专门要求时,应按设计要求进行,钢筋的接头位置宜设置在构件的受力较小处,并宜错开。

(2)纵向受力钢筋的焊接接头应相互错开。钢筋焊接接头连接区段的长度为 $35d$(d 为纵向受力钢筋的较大直径)且不小于 $500mm$,凡接头中点位于该连接区段长度内的焊接接头均属于同一连接区段。

同一连接区段内纵向钢筋焊接接头面积百分率为该区段内有焊接接头的纵向受力钢筋截面面积与全部纵向受力钢筋截面面积的比值。位于同一连接区段内纵向受力钢筋的焊接接头面积百分率,对纵向受拉钢筋接头,不应大于 50%。纵向受压钢筋接头、装配式构件连接处及临时缝处的焊接接头钢筋可不受此比值限制。

钢筋直径 $d<28mm$ 的焊接接头,宜采用闪光对头焊或搭接焊;$d>28mm$ 时,宜采用帮条焊,帮条截面面积不应小于受力钢筋截面面积的 1.2 倍(HPB300 级钢筋)或 1.5 倍(HRB400 级和 RRB400 级钢筋)。不同直径的钢筋不应采用帮条焊。搭接焊和帮条焊接头宜采用双面焊缝,钢筋的搭接长度不应小于 $5d$;当施焊条件困难而采用单面焊缝时,其搭接长度应不小于 $10d$;当焊接 HPB300 级钢筋时,则可分别为 $4d$ 和 $8d$。

(3)纵向受力钢筋机械连接接头宜相互错开。钢筋机械连接接头连接区段的长度为 $35d$(d 为纵向受力钢筋的较大直径),凡接头中点位于该连接区段长度内的机械连接接头均属于同一连接区段。

在受力较大处设置机械连接接头时,位于同一连接区段内的纵向受拉钢筋接头面积百分率不宜大于 50%。纵向受压钢筋的接头面积百分率可不受限制。

直接承受动力荷载的结构构件中的机械连接接头,位于同一连接区段内的纵向受力钢筋接头面积百分率不应大于50%。

(4)机械连接接头连接件的混凝土保护层厚度宜满足纵向受力钢筋最小保护层厚度的要求。连接件之间的横向净间距不宜小于25mm。

(5)同一构件中相邻纵向受力钢筋的绑扎搭接接头宜相互错开。

钢筋绑扎搭接接头连接区段的长度为1.3倍搭接长度,凡搭接接头中点位于该连接区段长度内的搭接接头均属于同一连接区段。同一连接区段内纵向钢筋搭接接头面积百分率为该区段内有搭接接头的纵向受力钢筋截面面积与全部纵向受力钢筋截面面积的比值,见图2-2。

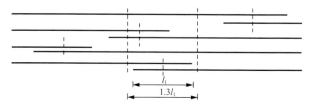

图 2-2 同一连接区段内的纵向受拉钢筋绑扎搭接接头

位于同一连接区段内的受拉钢筋搭接接头面积百分率:

对梁类、板类及墙类构件,不宜大于25%;柱类构件,不宜大于50%。当工程中确有必要增大受拉钢筋搭接接头面积百分率时,梁类构件,不应大于50%;板类、墙类及柱类构件,可根据实际情况放宽。

受压钢筋的搭接接头面积百分率不宜超过50%。

纵向受拉钢筋绑扎搭接接头的搭接长度应根据位于同一搭接长度范围内的钢筋搭接接头面积百分率按公式(2-1)计算:

$$l_l = \zeta l_a \qquad (2\text{-}1)$$

式中：l_l——纵向受拉钢筋的搭接长度；

l_a——纵向受拉钢筋的锚固长度，按规范确定；

ζ——纵向受拉钢筋搭接长度修正系数，按表 2-6 取用。

在任何情况下，纵向受拉钢筋绑扎搭接接头的搭接长度均不应小于 300mm。

表 2-6　　　纵向受拉钢筋搭接长度修正系数

纵向钢筋搭接接头面积百分率	≤25%	50%	100%
ζ	1.2	1.4	1.6

注：纵向受压钢筋的搭接长度不应小于按式(2-1)计算值的 0.7 倍，且不应小于 200mm。

（6）梁、柱的绑扎骨架中，在绑扎接头的搭接长度范围内，当钢筋受拉时，其箍筋间距不应大于 5d，且不应大于 100mm；当钢筋受压时，箍筋间距不应大于 10d，且不应大于 200mm。这里，d 为搭接钢筋中的最小直径。箍筋直径不应小于搭接钢筋较大直径的 0.25 倍。

当受压钢筋直径 d>25mm 时，尚应在搭接接头两个端面外 100mm 范围内各设置两个箍筋。

（7）成束钢筋的搭接长度应为单根钢筋搭接长度的 1.2 倍（2 根束）或 1.5 倍（3 根束）。2 根束钢筋的搭接方式如图 2-3 所示。

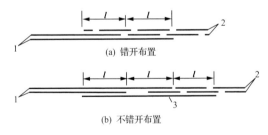

(a) 错开布置

(b) 不错开布置

图 2-3　两根束钢筋的搭接方式

1、2—受力钢筋；3—附加钢筋

（8）直接承受动力荷载的钢筋混凝土构件，其纵向受拉钢筋不得采用绑扎搭接接头,也不宜采用焊接接头,且严禁在钢筋上焊有任何附件(端部锚固除外)。

当直接承受吊车荷载的钢筋混凝土吊车梁、屋面梁及屋架下弦的纵向受拉钢筋必须采用焊接接头时,应符合下列规定:

1) 必须采用闪光接触对焊,并去掉接头的毛刺及卷边;

2) 同一连接区段内纵向受拉钢筋焊接接头面积百分率不应大于 25%,此时,焊接接头连接区段的长度应取为 $45d$(d 为纵向受力钢筋的较大直径)。

第五节 水工结构构件的设计构造规定

一、板

1. 钢筋混凝土板

钢筋混凝土板中受力钢筋的间距:当板厚 $h<200mm$ 时,不应大于 250mm;当 $200mm<h<1500mm$ 时,不应大于 300mm;当 $h>1500mm$ 时,不应大于 $0.2h$,且不大于 400mm。

板中弯起钢筋的弯起角不宜小于 $30°$,厚板中的弯起角可为 $45°$ 或 $60°$。钢筋弯起后,板中受力钢筋直通伸入支座的截面面积不应小于跨中钢筋截面面积的 1/3,其间距不应大于 400mm。

2. 简支板或连续板

简支板或连续板的下部纵向受力钢筋伸入支座的长度 l_{as} 不应小于 $5d$,d 为下部纵向受力钢筋的直径。当采用焊接网配筋时,其末端至少应有一根横向钢筋配置在支座边缘内,见图 2-4(a)。如不能符合上述要求时,应在受力钢筋末端制成弯钩,见图 2-4(b);加焊附加的横向锚固钢筋,见图 2-4(c)。

二、梁

1. 最小支承长度

梁的最小支承长度应满足下列要求:

(1) 支承在砌体上,当梁的截面高度不大于 500mm 时,支承长度不应小于 180mm;当梁的截面高度大于 500mm 时,

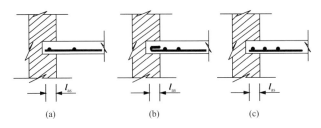

(a)   (b)   (c)

图 2-4　焊接网在板的简支支座上的锚固

支承长度不应小于 240mm；

（2）支承在钢筋混凝土梁、柱上时，支承长度不应小于 180mm。

此外，梁的支承长度还应满足纵向受力钢筋在支座处的锚固长度要求；有抗震要求时，梁的支承长度尚应满足抗震设防的有关规定。

2. 纵向钢筋净距

梁的下部纵向钢筋的净距不应小于钢筋直径，也不应小于 25mm；上部纵向钢筋的净距不应小于 1.5 倍钢筋直径，同时也不应小于 30mm 和最大骨料粒径的 1.5 倍。

梁的下部纵向受力钢筋不宜多于两层，当两层布置不开时，允许钢筋成束布置，但每束钢筋以 2 根为宜。受力钢筋多于两层时，第三层及以上的钢筋间距应增加一倍，各层钢筋之间净距不小于 25mm 和 d（d 为钢筋最大直径）。伸入梁支座范围内的纵向受力钢筋不得少于 2 根。

3. 箍筋

钢筋混凝土梁中宜采用箍筋作为抗剪钢筋。箍筋的配置应符合下列要求：

（1）当按计算不需设置抗剪钢筋时，对高度大于 300mm 的梁，仍应沿全梁设置箍筋；对高度小于 300mm 的梁，可仅在构件端部各 1/4 跨度范围内设置箍筋；但当在构件中部 1/2 跨度范围内有集中荷载作用时，则应沿梁全长设置箍筋。

（2）高度 $h>800mm$ 的梁，箍筋直径不宜小于 8mm；高度 $h<800mm$ 的梁，箍筋直径不宜小于 6mm。当梁中配有计

算需要的受压钢筋时，箍筋直径尚不应小于 $d/4$（d 为受压钢筋中的最大直径）。

（3）箍筋最大间距宜符合相关规范的规定。

（4）当梁中配有计算需要的纵向受压钢筋时，箍筋应做成封闭式，箍筋间距在绑扎骨架中不应大于 $15d$，在焊接骨架中不应大于 $20d$（d 为受压钢筋中的最小直径），同时在任何情况下均不应大于 400mm；当一层内纵向受压钢筋多于 5 根且直径大于 18mm 时，箍筋间距不应大于 $10d$。

（5）当梁的宽度大于 400mm 且一层内的纵向受压钢筋多于 3 根，或当梁的宽度不大于 400mm 但一层内的纵向受压钢筋多于 4 根时，应设置复合箍筋。

4. 横向连系拉筋

梁中配有两片及两片以上的焊接骨架时，应设横向连系拉筋，并用点焊或绑扎方法使其与骨架的纵向钢筋连成一体。横向连系拉筋的间距不应大于 500mm，且不宜大于梁宽的两倍。当梁设置有计算需要的纵向受压钢筋时，横向连系拉筋的间距尚应符合下列要求：点焊时不应大于 $20d$；绑扎时不应大于 $15d$（d 为纵向钢筋中的最小直径）。

5. 绑扎骨架

绑扎骨架的钢筋混凝土梁，当设置弯起钢筋时，弯起钢筋的弯终点外应留有锚固长度，其长度在受拉区不应小于 $20d$，在受压区不应小于 $10d$（d 为弯起钢筋的直径）。

对于光圆钢筋，在末端尚应设置 180°弯钩，见图 2-5。梁底层的角部钢筋不应弯起，梁顶层的角部钢筋不应弯下。

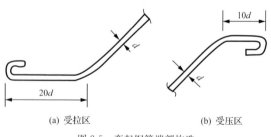

(a) 受拉区　　　　　　　　(b) 受压区

图 2-5　弯起钢筋端部构造

梁中弯起钢筋的弯起角可根据梁的高度取 45°或 60°。

6. 梁中架立钢筋

梁中架立钢筋的直径,当梁的跨度小于 4m 时,不宜小于 8mm;跨度等于 4~6m 时,不宜小于 10mm;跨度大于 6m 时,不宜小于 12mm。

三、柱

1. 纵向受力钢筋

钢筋混凝土柱的纵向受力钢筋应符合下列要求:

(1) 纵向受力钢筋直径 d 不宜小于 12mm,全部纵向钢筋配筋率不宜超过 5%;圆柱中纵向钢筋宜沿周边均匀布置,根数不宜少于 8 根,且不应少于 6 根。

(2) 当偏心受压柱的截面高度 $h>600mm$ 时,在侧面应设置直径为 10~16mm 的纵向构造钢筋,其间距不大于 500mm,并相应地设置复合箍筋或连系拉筋。

(3) 柱内纵向钢筋的净距不应小于 50mm。

(4) 偏心受压柱中垂直于弯矩作用平面的侧面上的纵向受力钢筋以及轴心受压柱中各边的纵向钢筋,其中距不应大于 350mm。

2. 箍筋

柱中箍筋应符合下列要求:

(1) 柱中箍筋应做成封闭式。

(2) 箍筋的间距不应大于 400mm,且不应大于构件截面的短边尺寸;同时,在绑扎骨架中不应大于 15d;在焊接骨架中不应大于 20d(d 为纵向钢筋的最小直径)。

(3) 箍筋直径不应小于 0.25 倍纵向钢筋的最大直径,亦不应小于 6mm。

(4) 当柱中全部纵向受力钢筋的配筋率超过 3% 时,箍筋直径不宜小于 8mm,间距不应大于 10d(d 为纵向钢筋的最小直径),且不应大于 200mm;箍筋末端应做成 135° 弯钩且弯钩末端平直段长度不应小于箍筋直径的 10 倍;箍筋也可焊成封闭环式。

(5) 当柱截面短边尺寸大于 400mm 且各边纵向钢筋多

于 3 根时,或当柱截面短边尺寸不大于 400mm 但各边纵向钢筋多于 4 根时,应设置复合箍筋。

(6) 柱内纵向钢筋绑扎搭接长度范围内的箍筋的间距应符合规范规定。

(7) 当柱中纵向钢筋按构造配置,钢筋强度未充分利用时,箍筋的配置要求可适当放宽。

四、梁、柱节点

1. 梁纵向钢筋在框架中间层端节点的锚固

(1) 梁上部纵向钢筋伸入节点的锚固(见图 2-6)

1) 当采用直线锚固形式时,锚固长度不应小于 l_a,且应伸过柱中心线,伸过的长度不宜小于 $5d$(d 为梁上部纵向钢筋的直径)。

2) 当柱截面尺寸不满足直线锚固要求时,梁上部纵向钢筋可采用钢筋端部加机械锚头的锚固方式。梁上部纵向钢筋宜伸至柱外侧纵向钢筋内边,包括机械锚头在内的水平投影锚固长度不应小于 $0.4l_{ab}$,见图 2-6(a)。

3) 梁上部纵向钢筋也可采用 90°弯折锚固的方式,此时梁上部纵向钢筋应伸至柱外侧纵向钢筋内边并向节点内弯折,其包含弯弧在内的水平投影长度不应小于 $0.4l_{ab}$,弯折钢筋在弯折平面内包含弯弧段的投影长度不应小于 $15d$,见图 2-6(b)。

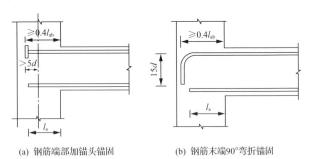

(a) 钢筋端部加锚头锚固　　(b) 钢筋末端90°弯折锚固

图 2-6　梁上部纵向钢筋在中间层端节点内的锚固

（2）框架梁下部纵向钢筋伸入端节点的锚固（见图 2-7）。

1）当计算中充分利用该钢筋的抗拉强度时，钢筋的锚固方式及长度应与上部钢筋的规定相同。

2）当计算中不利用该钢筋的强度或仅利用该钢筋的抗压强度时，伸入节点的锚固长度应分别符合中间节点梁下部纵向钢筋锚固的规定。

2. 框架中间层中间节点的锚固

框架中间层中间节点或连续梁中间支座，梁的上部纵向钢筋应贯穿节点或支座。梁的下部纵向钢筋宜贯穿节点或支座。当必须锚固时，应符合下列锚固要求：

（1）当计算中不利用该钢筋的强度时，其伸入节点或支座的锚固长度对带肋钢筋不小于 $12d$，对光圆钢筋不小于 $15d$（d 为钢筋的最大直径）；

（2）当计算中充分利用钢筋的抗压强度时，钢筋应按受压钢筋锚固在中间节点或中间支座内，其直线锚固长度不应小于 $0.7l_a$；

（3）当计算中充分利用钢筋的抗拉强度时，钢筋可采用直线方式锚固在节点或支座内，锚固长度不应小于钢筋的受拉锚固长度 l_a，见图 2-7（a）；

（4）当柱截面尺寸不足时，宜采用钢筋端部加锚头的机械锚固措施，也可采用 90°弯折锚固的方式；

（5）钢筋可在节点或支座外梁中弯矩较小处设置搭接接头，搭接长度的起始点至节点或支座边缘的距离不应小于 $1.5h_0$，见图 2-7（b）。

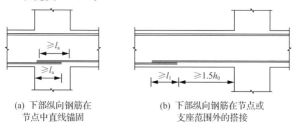

（a）下部纵向钢筋在　　　　　（b）下部纵向钢筋在节点或
节点中直线锚固　　　　　　　支座范围外的搭接

图 2-7　梁下部纵向钢筋在中间节点或中间支座范围的锚固与搭接

3. 柱纵向钢筋

柱纵向钢筋应贯穿中间层的中间节点或端节点,接头应设在节点区以外(见图 2-8)。

柱纵向钢筋在顶层中节点的锚固应符合下列要求:

(1) 柱纵向钢筋应伸至柱顶,且自梁底算起的锚固长度不应小于 l_a。

(2) 当截面尺寸不满足直线锚固要求时,可采用 90°弯折锚固措施。此时,包括弯弧在内的钢筋垂直投影锚固长度不应小于 $0.5l_{ab}$,在弯折平面内包含弯弧段的水平投影长度不宜小于 $12d$,见图 2-8(a)。

(3) 当截面尺寸不足时,也可采用带锚头的机械锚固措施。此时,包含锚头在内的竖向锚固长度不应小于 $0.5l_{ab}$,见图 2-8(b)。

(4) 当柱顶有现浇楼板且板厚不小于 100mm 时,柱纵向钢筋也可向外弯折,弯折后的水平投影长度不宜小于 $12d$。

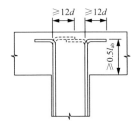 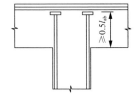

(a) 柱纵向钢筋90°弯折锚固　　　　(b) 柱纵向钢筋端头加锚板锚固

图 2-8　顶层节点中柱纵向钢筋在节点内的锚固

4. 顶层端节点柱外侧纵向钢筋

顶层端节点柱外侧纵向钢筋可弯入梁内作梁上部纵向钢筋;也可将梁上部纵向钢筋与柱外侧纵向钢筋在节点及附近部位搭接,搭接可采用下列方式(见图 2-9):

(1) 搭接接头可沿顶层端节点外侧及梁端顶部布置,搭接长度不应小于 $1.5l_{ab}$,见图 2-9(a)。其中,伸入梁内的柱外侧钢筋截面面积不宜小于其全部面积的 65%;梁宽范围以外的柱外侧钢筋宜沿节点顶部伸至柱内边锚固。当柱外侧纵向钢筋位于柱顶第一层时,钢筋伸至柱内边后,宜向下弯折不小于 $8d$ 后截断,见图 2-9(a),图 2-9(a)中 d 为柱纵向钢筋的直径;当柱外侧纵向钢筋位于柱顶第二层时,可不向下弯折。当现浇板厚度不小于 100mm 时,梁宽范围以外的柱外侧纵向钢筋也可伸入现浇板内,其长度与伸入梁内的柱纵向钢筋相同。

(2)当柱外侧纵向钢筋配筋率大于 1.2% 时,伸入梁内的柱纵向钢筋应满足规定,且宜分两批截断,截断点之间的距离不宜小于 $20d$(d 为柱外侧纵向钢筋的直径)。梁上部纵向钢筋应伸至节点外侧并向下弯至梁下边缘高度位置截断。

(3)纵向钢筋搭接接头也可沿节点柱顶外侧直线布置,见图 2-9(b),此时,搭接长度自柱顶算起不应小于 $1.7l_{ab}$。当梁上部纵向钢筋的配筋率大于 1.2% 时,弯入柱外侧的梁上部纵向钢筋应满足规定的搭接长度,且宜分两批截断,其截断点之间的距离不宜小于 $20d$(d 为梁上部纵向钢筋的直径)。

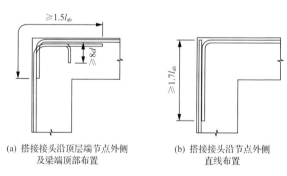

(a) 搭接接头沿顶层端节点外侧
及梁端顶部布置

(b) 搭接接头沿节点外侧
直线布置

图 2-9　顶层端节点梁、柱纵向钢筋在节点内的锚固与搭接

(4)当梁的截面高度较大,梁、柱纵向钢筋相对较小,从梁底算起的直线搭接长度未延伸至柱顶即已满足 $1.5l_{ab}$ 的要求时,应将搭接长度延伸至柱顶并满足搭接长度 $1.7l_{ab}$ 的要求;或者从梁底算起的弯折搭接长度未延伸至柱内侧边缘即已满足 $1.5l_{ab}$ 的要求时,其弯折后包括弯弧在内的水平段的长度不应小于 $15d$(d 为柱纵向钢筋的直径)。

5. 框架柱顶层端节点

框架顶层端节点处梁上部纵向钢筋的截面面积 A_s 应符合下列规定:

$$A_s \leqslant \frac{0.35 f_c b_b h_0}{f_y} \qquad (2\text{-}2)$$

式中: b_b——梁腹板宽度;

h_0——梁截面有效高度。

梁上部纵向钢筋与柱外侧纵向钢筋在节点角部的弯弧内半径,当钢筋直径 $d<25mm$ 时,不宜小于 $6d$;当钢筋直径 $d>25mm$ 时,不宜小于 $8d$。

五、墙

1. 承重墙

顶部承受竖向荷载的承重墙,按正截面承载力计算所需竖向钢筋的配筋率应不小于规范规定。竖向钢筋的直径不应小于 10mm,间距不应大于 300mm。在水平方向还应配置水平分布钢筋。

当按正截面承载力计算不需配置竖向受力钢筋时,则在墙体截面两端应各设置不少于 4 根直径为 12mm 或 2 根直径为 16mm 的竖向构造钢筋。沿该竖向钢筋方向宜配置直径不小于 6mm、间距为 250mm 的拉筋。

当承重墙厚度大于 200mm 时,应分别在墙的两侧面配置竖向及水平钢筋网。双排钢筋网应用拉筋连系,拉筋直径不宜小于 6mm,间距不宜大于 600mm。

2. 剪力墙

(1)剪力墙的水平分布钢筋的配筋率和竖向分布钢筋的配筋率均不应小于 0.20%。如墙体较长并受到约束,水平分布钢筋的最小配筋率宜适当提高。结构中重要部位的剪力墙,其水平和竖向分布钢筋的最小配筋率宜适当提高。

水平分布钢筋的直径不应小于 6mm,间距不应大于 300mm;竖向分布钢筋的直径与间距同承重墙。

当竖向钢筋直径 $d>14mm$,保护层 $c<2d$ 时,对两侧面

的钢筋网宜用连系拉筋拉住。拉筋直径不小于 6mm，间距不大于 700mm。

在墙端自由边上，宜与立柱一样，设置连接箍筋。

（2）剪力墙水平分布钢筋应伸至墙端，并向内水平弯折 $10d$ 后截断（d 为水平分布钢筋直径）。

剪力墙水平分布钢筋的搭接长度不应小于 $1.2l_a$。同排水平分布钢筋的搭接接头之间以及上、下相邻水平分布钢筋的搭接接头之间沿水平方向的净间距不宜小于 500mm。

剪力墙竖向分布钢筋可在同一高度搭接，搭接长度不应小于 $1.2l_a$。

3. 其他墙体

（1）承受垂直于墙面的水平荷载的墙体，墙厚不宜小于 150mm。当墙厚大于 200mm 时，在墙的两侧面均应布置钢筋网。有关最小配筋率按规定采用，有关构造要求可按板的规定或工程经验处理。

（2）开洞墙体的洞口周边部位，应设置不小于 2 根直径为 12mm 的水平及竖向构造钢筋，钢筋自洞口边伸入墙内的长度不应小于规范规定的受拉钢筋锚固长度。

第三章

钢筋图的识读与钢筋下料计算

第一节 钢筋图的识读

经验之谈

从配筋图中把分布比较复杂的每一编号的钢筋单独画出来的钢筋图称为钢筋详图(钢筋成型图)。在钢筋详图中要把钢筋的每一段长度都标注出来。标注每段长度尺寸时,可不画尺寸线和尺寸界线,仅把尺寸数字直接标注在钢筋的旁边。

一、施工图概念

施工图是由设计单位根据设计任务书的要求、有关的设计资料、计算数据等多方面因素设计绘制而成的。施工图设计的主要任务是满足工程施工各项具体技术要求,提供一切准确可靠的施工依据,其内容包括工程施工所有专业的基本图、详图及其说明书、计算书等。整套施工图纸是设计人员的最终成果,是施工单位施工的依据。

水利水电工程施工图包括水工建筑图、勘测图、水力机械图、电气图等。

(一)土建图

1. 一般规定

(1)土建图制图比例可按表 3-1 中的规定选用。

(2)土建布置图应绘出各主要建筑物的中心线或定位线,标注各建筑物之间、建筑物和原有建筑物关系的尺寸和建筑物控制点的大地坐标。

表 3-1   土建图常用比例

图类	比例
规划图	1∶100000、1∶50000、1∶10000、1∶5000、1∶2000
枢纽总平面图	1∶5000、1∶2000、1∶1000、1∶500、1∶200
地理位置图、地理接线图、对外交通图	按所取地图比例
施工总平面图	1∶5000、1∶2000、1∶1000、1∶500
主要建筑物布置图	1∶2000、1∶1000、1∶500、1∶200、1∶100
建筑物体形图	1∶500、1∶200、1∶100、1∶50
基础开挖图、基础处理图	1∶1000、1∶500、1∶200、1∶100、1∶50
结构图	1∶500、1∶200、1∶100、1∶50
钢筋图、一般钢结构图	1∶100、1∶50、1∶20
细部构造图	1∶20、1∶10、1∶5、1∶2、1∶1、2∶1、5∶1、10∶1

（3）土建图尺寸标注的详细程度，可根据各设计阶段的不同和图样表达内容的详略程度而定。

2．水工建筑图

水利水电工程枢纽总布置图、防洪工程总布置图、河道堤防工程总布置图、引调水工程总布置图、灌溉工程总布置图等工程总布置图应包括工程特性表、控制点坐标表和必要的文字说明等内容。

枢纽总布置图。水利水电工程枢纽总布置图应包括总平面图、上游或下游立（展）视图、典型剖视（断面）图，并应符合下列要求：

1）总平面图应包括地形等高线、测量坐标网、地质符号及其名称、河流名称和流向、指北针、各建筑物及其名称、建筑物轴线、沿轴线桩号、建筑物主要尺寸和高程、地基开挖开口线、对外交通及绘图比例或比例尺等，见图 3-1。

2）建筑物平面图及纵断面图的控制点（转弯点）应标注转弯半径、中心夹角、切线长度、中心角对应的中心线的曲线长度。

3）有迎水面的断面图应标注上下游特征水位、典型泄流流态水面曲线；边坡开挖挖除部位应用虚线绘出原地面线；含地质结构的断面应按图例要求绘制基岩顶面线、岩石

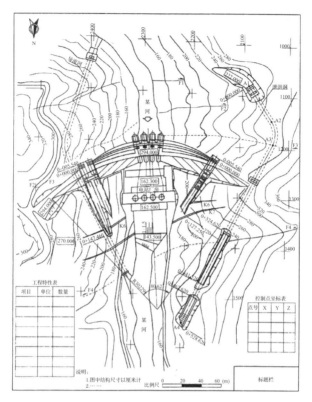

图 3-1　某水利水电工程枢纽总布置图

风化界线、岩性分界线、地质构造线、地下水位线、相对不透水层界面线,并标注岩体名称;泄水建筑物应对不同建筑物分别加绘泄流能力曲线。

4)挡水坝平面或断面特征轮廓、泄流面或喇叭口曲线等复杂体形建筑物应加绘特征曲线或坐标表格。

3. 防洪工程

防洪工程、河道堤防工程总布置图应标明堤坝及堤坝轴线、沿线防排洪建筑物及名称、沿轴线桩号、图例、比例尺和指北针等。

4. 引水工程

引调水工程总布置图应标明水源工程及主要参数,渠首工程及主要参数,渠道、沿线水建筑物及主要参数,沿线水库以及必要的图例、比例尺等。

5. 灌溉工程

灌溉工程总布置图应标明水源工程、灌区界线、干支渠、相关建筑物、水库以及必要的图例、比例尺等。

6. 水电站

水电站(厂)应绘制厂区平面布置图及厂房布置图。厂区平面布置图应绘有发电厂房主要技术指标表、厂房对外交通路线布置、开关站及出线场(含主变压器)布置、油库及水池布置等。厂房布置图应包括下列内容:

(1) 典型机组剖视图。

(2) 主厂房(含机组间和安装间)纵剖视图和必要的副厂房纵剖视图。

(3) 发电机层、水轮机层等各层平面图。各层平面图宜含相应副厂房各层布置。发电机层应绘出安装场大件安置位置、吊车主副钩限制线、吊物孔、盘柜等设备位置。

(4) 副厂房各层平面图、纵横剖视图。

(5) 地下厂房应包括主变压器室纵、横剖视图及各层平面图。

(6) 安装场各层平面图及横剖视图。

7. 泵站工程

泵站工程应绘制泵房布置图,包括泵房横剖视图、泵房纵剖视图、排水设备层平面图、安装间供水设备层平面图、安装间横剖视图、电缆层平面图、电动机层平面图等。

8. 工程施工总平面图

工程施工总平面布置图可绘有施工场地、料场、堆渣场、施工工厂设施、仓库、油库、炸药库、场内外交通、风水电线路布置等生产、生活设施,并标注名称、占地面积、场地高程。水工建筑物的平面位置应用细实线或虚线绘制。施工总平面图应标注河流名称、流向、指北针和必要的图例。

9. 水工结构图

水工结构图应准确表示结构的尺寸、材质和各部位的相对关系等，复杂细部应放大加绘详图。

结构图应分别标示出结构的平面和断面、混凝土强度等级分区或土石坝填筑分区、金属结构及机电一期预埋件等。厂房结构图宜绘出混凝土浇筑分层分块图。结构图的绘制应符合下列要求：

（1）建筑物的混凝土强度等级分区图，其分区线应用中粗线绘制，绘出相应的图例，标注混凝土有关的技术指标，并附有图例说明，图例线用细实线绘制，见图 3-2。

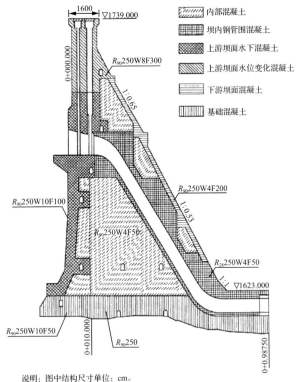

说明：图中结构尺寸单位：cm。

图 3-2　混凝土强度等级分区图

（2）混凝土浇筑分层分块图中应标注各浇筑层和块的编号。浇筑层的编号应为带圆圈的阿拉伯数字；浇筑块的编号应采用不带圆圈的阿拉伯数字，并且其字号应比层号数字小，见图3-3。

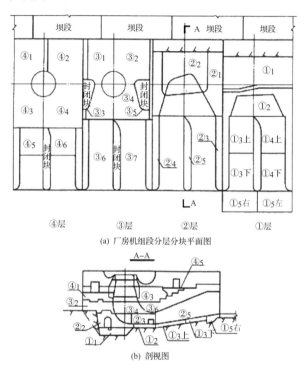

(a) 厂房机组段分层分块平面图

(b) 剖视图

图 3-3　混凝土浇筑分层分块图

（3）细部构造详图应包括以下内容：

1）结构缝、温度缝、防震缝等永久缝图，可在结构图或浇筑分块图中表达并用粗实线绘制，在详图中还应注明缝间距、缝宽尺寸和用文字注明缝中填料的名称。施工临时缝可用中粗虚线表示。

2）止水的位置、材料、规格尺寸及止水基坑回填混凝土要求大样及缝面填缝用的材料及其厚度。

3）溢流面、闸门槽、压力钢管槽、水泵房等一期、二期混凝土结构及埋件。发电进水口、泄洪孔闸门埋件，通气孔结构、位置及埋件。预制构件槽埋件、预制构件结构、安装位置、编号等。

4）栏杆或灯柱预埋件、排水管、门库、电缆沟、门机轨道二期混凝土槽、取水口等构筑物的结构、位置及预埋件。

（二）钢筋图

1. 钢筋图绘制规定

（1）钢筋图中钢筋用粗实线表示，钢筋的截面应用小黑圆点表示，钢筋采用编号进行分类；结构轮廓应用细实线表示，见图 3-4。

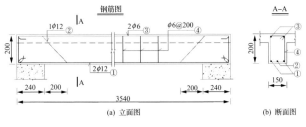

图 3-4　钢筋图

（2）钢筋图宜附有钢筋表和材料表，其格式见表 3-2 和表 3-3。

表 3-2　　　　　　　　　　钢　筋　表

编号	直径/mm	型式	单根长/cm	根数	总长/m	备注
①	$\phi 12$	$\underset{3500}{\overset{75\qquad\qquad 75}{}}$	365	2	7.30	
②	$\phi 12$	$\underset{3740}{\overset{220\qquad\qquad 220}{75\qquad\qquad 75}}$	479	1	4.79	$\alpha=135°$
③	$\phi 6$	$\underset{160}{\overset{3500}{}}160$	392	2	7.84	
④	$\phi 6$	$\underset{160}{\overset{160}{}}110$	64	18	11.52	

表 3-3　　　　　　　　　钢筋材料表

规格	总长度/m	单位重/(kg/m)	总重/kg	重量合计/t
$\phi12$	12.09	0.888	10.736	0.0150
$\phi6$	19.36	0.222	4.298	

2. 钢筋编号

(1) 钢筋应编号,且相同型式、规格和长度的应编号相同。编号用阿拉伯数字,编号外的小圆圈和引出线采用细实线。指向钢筋的引出线画箭头,指向钢筋数面的小黑圆点的引出线不画箭头,见图 3-4。

(2) 钢筋编号顺序应有规律可循,宜自下而上、自左至右、先主筋后分布筋。

(3) 钢筋焊接网的编号,或标注在网的对角线上或直接标注在网上,见图 3-5。

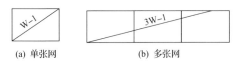

(a) 单张网　　　　　　　(b) 多张网

图 3-5　钢筋焊接网编号

3—网的数量;W—网的代号;1—网的编号

(4) 钢筋焊接网的数量应与网的编号写在一起,其标注形式,见图 3-5(b)。

3. 钢筋标注

(1) 钢筋图中应标注结构的主要尺寸,见图 3-4。

(2) 钢筋图中钢筋的标注形式,见图 3-6。

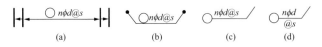

(a)　　　　　(b)　　　　　(c)　　　　　(d)

图 3-6　钢筋标注形式

n—钢筋的根数;ϕ—钢筋直径及种类的代号;d—钢筋直径的数值;@—钢筋间距的代号;s—钢筋间距的数值

(3) 箍筋尺寸应为内皮尺寸,弯起钢筋的弯起高度应为外皮尺寸,单根钢筋的长度应为钢筋中心线的长度,见图 3-7。

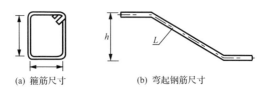

(a) 箍筋尺寸　　　　(b) 弯起钢筋尺寸

图 3-7　箍筋和弯起钢筋尺寸

(4) 单根钢筋的标注形式见图 3-8。

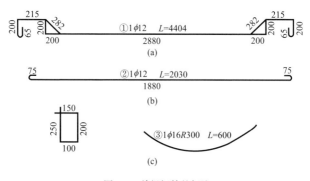

图 3-8　单根钢筋的标注

注:L 为单根钢筋的总长。

4. 钢筋图

(1) 钢筋图可采用全剖、半剖[图 3-9(a)]、阶梯剖[图 3-9(b)]、局部剖视图(图 3-10)等画法。

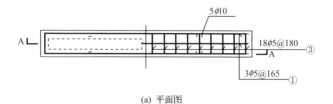

(a) 平面图

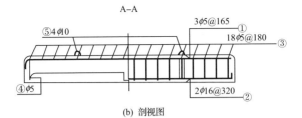

(b) 剖视图

图 3-9　半剖及阶梯剖

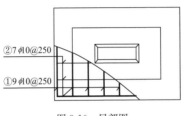

图 3-10　局部图

（2）曲面构件的钢筋可按投射绘制钢筋图，见图 3-11。

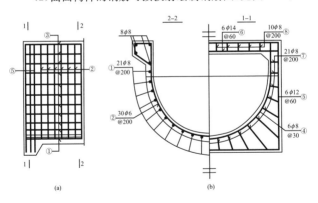

图 3-11　曲面构件钢筋图

（3）对称构件对称方向的两个钢筋断面图可各画一半，合成一个图形，中间以对称线分界，见图 3-11 中 1-1 和 2-2 断面。或按图 3-18 画简化图。

5. 钢筋层次

（1）平面图中配置双层钢筋的底层钢筋应向上或向左弯折,顶层钢筋应向下或向右弯折,见图 3-12。

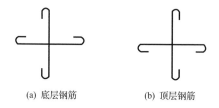

(a) 底层钢筋   (b) 顶层钢筋

图 3-12 平面图中的双层钢筋

（2）配有双层钢筋的墙体钢筋立面图中,远面钢筋的弯折应向上或向左,近面钢筋的弯折应向下或向右,见图 3-13,在立面图中应标注远面的代号"YM"和近面的代号"JM"。

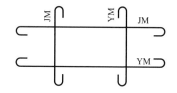

图 3-13 立面图中双层钢筋

（3）断面图中应绘制钢筋详图,见图 3-14。

（4）钢筋图中应绘制箍筋或环筋详图,见图 3-15。

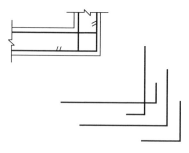

图 3-14 钢筋详图

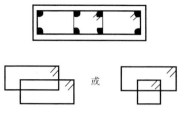

图 3-15　箍筋详图

6. 楼板及板类构件钢筋的平面图

（1）平面图中的钢筋详图（见图 3-16）应表明受力钢筋的配置和弯起情况，并注明钢筋编号、直径、间距。每号钢筋可只画一根为代表，按其形状画在钢筋安放的相应位置上。

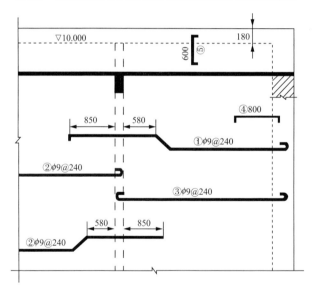

图 3-16　板类构件平面图中的钢筋表示法

（2）平面图中的水平向钢筋应按正视方向投射，见图 3-16 中的①号、②号、③号、④号钢筋，垂直向钢筋应按右视方向投射如图 3-16 中的⑤号钢筋。

（3）板中的弯起钢筋应注明梁边缘到弯起点的距离,见图 3-16 中的①号、②号筋中"580"尺寸;弯筋伸入邻板的长度,见图 3-16 中的①号、②号筋中"850"尺寸。

（4）平面图中宜画出分布钢筋。图中不能画出的应在说明或钢筋表备注中注写该钢筋的布置、直径、单根长、间距、根数、总长及质量。

7. 钢筋图简化画法

规格、型式、长度、间距均相同的钢筋、箍筋、环筋的简化画法应符合下列规定:

（1）可只画出其第一根和最末一根,用标注的方法表明其根数、规格、间距,见图 3-17(a)。

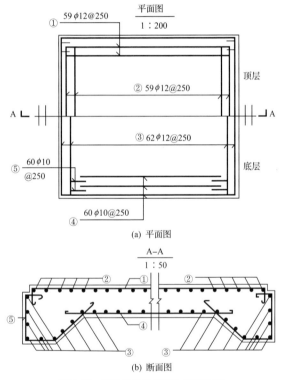

(a) 平面图

(b) 断面图

图 3-17　板类构件的面层和底层钢筋

（2）可用粗实线画出其中的一根表示，并用横的细实线表示其余的钢筋、箍筋或环筋，横穿线的两端带斜短画线（中粗线）或箭头表示该号钢筋的起止范围。横穿的细线与粗线（钢筋代表线）的相交处用细实线画一小圆圈，见图 3-18（b）。

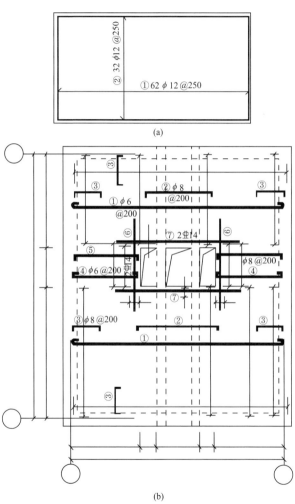

图 3-18　相同钢筋的简化画法

8. 钢筋图特殊画法

（1）非圆弧渐变曲面、曲线钢筋宜分段按给出曲线坐标的方式标注，大曲率半径的钢筋可简化为按线性等差位变化的分组编号的方式标注。

（2）长度不同但间距相同，且相间排列布置的两组钢筋，可分别画出每组的第一根和最末一根的全长，再画出相邻的一根短粗线表示间距，两组钢筋应分别注明其根数、规格和间距，见图 3-19。

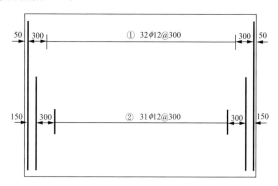

图 3-19　相间排列钢筋的简化画法

（3）型式、规格相同，长度为按等差数 a 递增或递减的一组钢筋，见图 3-20 中的①号、③号钢筋，可编一个号，并在钢

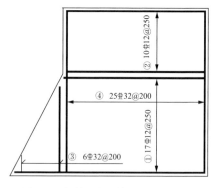

图 3-20　钢筋长度为等差时的简化标注

筋表"型式"栏内加注"$\Delta = a$",在"单根长"栏内注写长度范围。

(4) 若干构件的断面形状、尺寸大小和钢筋布置均相同，仅钢筋编号不同可采用图 3-21 的画法，并在钢筋表中注列各不同钢筋编号的钢筋型式、规格、长度和根数等。

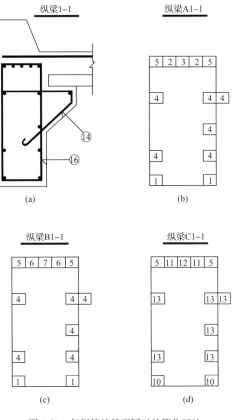

图 3-21   仅钢筋编号不同时的简化画法

9. 图例

普通钢筋图例和预应力钢筋图例见表 3-4、表 3-5、表 3-6。

表 3-4　　　　　　　　　　　　普通钢筋图例

序号	名称	图例	说明
1	钢筋横断面	●	
2	无弯钩的钢筋端部		图例中表示长、短钢筋投影重叠时,短钢筋的端部用45°斜画线表示
3	带半圆形弯钩的钢筋端部		
4	带直钩的钢筋端部		
5	带丝扣的钢筋端部		
6	无弯钩的钢筋端部		
7	带半圆弯钩的钢筋搭接		
8	带直钩的钢筋搭接		
9	花篮螺丝钢筋接头		
10	机械连接的钢筋接头		用文字说明机械连接的方式(如冷挤压或直螺纹等)

表 3-5　　　　　　　　　　　　预应力钢筋图例

序号	名称	图例
1	预应力钢筋或钢绞线	—·—·—·—
2	后张法预应力钢筋断面 无黏结预应力钢筋断面	⊕
3	预应力钢筋断面	+
4	张拉端锚具	→—·—·—·—
5	固定端锚具	▷—·—·—·—

　钢筋工程施工

序号	名称	图例
6	锚具的端视图	
7	可动连接件	
8	固定连接件	

表 3-6　　　　　　　**钢筋的焊接接头图例**

序号	名称	图例
1	单面焊接的钢筋接头	
2	双面焊接的钢筋接头	
3	用帮条单面焊接的钢筋接头	
4	用帮条双面焊接的钢筋接头	
5	接触对焊的钢筋接头 （闪光焊、压力焊）	
6	坡口平焊的钢筋接头	
7	坡口立焊的钢筋接头	
8	用角钢或扁钢做连接板 焊接的钢筋接头	
9	钢筋或螺（锚）栓与 钢板穿孔塞焊的接头	

二、施工图的识读

（一）施工图相关规定

施工图是按照正投影的原理及视图、剖面、断面等基本方法绘制而成。它的绘制应遵守制图标准的规定。

1. 图线

为反映不同的内容，表明内容的主次及增加图面效果，图线宜采用不同的线型和线宽，见表 3-7。

表 3-7　　　　　工程图样中常用的图线

线宽号	线宽/mm	图幅				
		A0	A1	A2	A3	A4
7	2.0	特粗线	特粗线			
6	1.4	加粗线	加粗线	特粗线	特粗线	
5	1.0	粗线(b)	粗线(b)	加粗线	加粗线	特粗线
4	0.7			粗线(b)	粗线(b)	加粗线
3	0.5	中粗线(b/2)	中粗线(b/2)			粗线(b)
2	0.4			中粗线(b/2)	中粗线(b/2)	
1	0.3	细线(b/4)	细线(b/4)			中粗线(b/2)
0	0.2			细线(b/4)	细线(b/4)	细线(b/3)

2. 尺寸及标高

施工图上的尺寸可分为总尺寸、定位尺寸及细部尺寸三种。细部尺寸表示各部位构造的大小，定位尺寸表示各部位构造之间的相互位置，总尺寸应等于各分尺寸之和。尺寸除了总平面图尺寸及标高尺寸以米（m）为单位外，其余一律以毫米（mm）为单位。

在施工图上，常用标高符号表示某一部位的高度。标高符号用细实线绘制，符号中的三角形为等腰直角三角形，90°角所指为实际高度线。长横线上下用来注写标高数值，数值以 m 为单位，一般注至小数点后三位（总平面图中为两位数）。如标高数字前有"－"号的，表示该处完成面低于零点标高。如数字前没有符号的，表示高于零点标高。

标高符号形式见图 3-22,标高符号画法见图 3-23,立面图与剖面图上的标高符号注法见图 3-24。

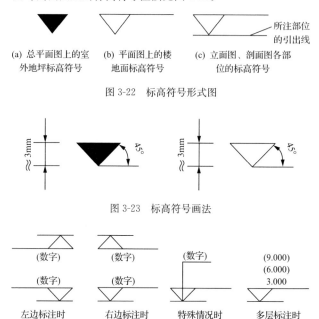

(a) 总平面图上的室外地坪标高符号　　(b) 平面图上的楼地面标高符号　　(c) 立面图、剖面图各部位的标高符号

图 3-22　标高符号形式图

图 3-23　标高符号画法

图 3-24　标高符号注法

3. 索引符号和详图符号

在施工图中,由于建筑物体形大,平、立、剖面图均采用小比例绘制,因而某些局部无法表达清楚,需要另绘制其详图进行表达。

对需用详图表达部分应标注索引符号,并在所绘详图处标注详图符号。

索引符号由直径为 10mm 的圆和其水平直径组成,圆及其水平直径均应以细实线绘制。

索引符号如用于索引剖面详图,应在被剖切的部位绘制剖切位置线,并以引出线引出索引符号,引出线所在的一侧应为投射方向,见表 3-8。

表 3-8   索引符号与详图符号

名称	符号	说明
详图的索引符号	⑤——详图的编号，—— 详图在本张图纸上；⑤——局部剖面详图的编号，—— 剖面详图在本张图纸上	细实线单圆圈直径应为 10mm，详图在本张图纸上，剖开后从上往下投影
详图的索引符号	⑤/4——详图的编号，—— 详图所在的图纸编号；⑤/4——局部剖面详图的编号，—— 剖面详图所在的图纸编号	详图不在本张图纸上，剖开后从下往上投影
详图的索引符号	J103 ⑤/4——标准图册编号，—— 标准详图编号，—— 详图所在的图纸编号	标准详图
详图的符号	⑤——详图的编号	粗实线单圆圈直径应为 14mm，被索引的在本张图纸上
详图的符号	⑤/2——详图的编号，—— 被索引的图纸编号	被索引的不在本张图纸上

4. 常用建筑材料图例

按照制图标准的规定，常用建筑材料应按表 3-9 所示图例画法绘制。

（二）平面图的图示方法

1. 图线

图线应符合结构施工图图线的有关要求。如混凝土底板，被剖切平面剖切到的混凝土底板用粗实线表示，混凝土底板底部的投影用细实线表示；用细实线表示混凝土底板的平面形状，用粗实线表示混凝土底板中钢筋的配置情况。

2. 绘制比例

平面图绘制，一般采用 1∶100、1∶200 等比例。

3. 尺寸标注

平面图中应标注出建筑物的定形尺寸和定位尺寸。定形尺寸包括建筑物宽度、底面尺寸等，可直接标注，也可用文字加以说明和用基础代号等形式标注。

表 3-9   常用建筑材料图例

名称	图例	说明	名称	图例	说明
自然土壤		包括各种自然土壤	混凝土	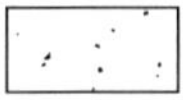	
夯实土壤			钢筋混凝土	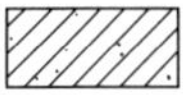	断面图形小，不易画出图例线时，可涂黑
砂、灰土	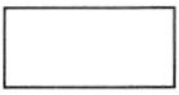	靠近轮廓线绘较密的点	玻璃	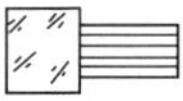	
毛石	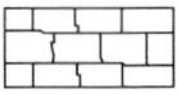		金属	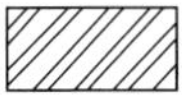	包括各种金属，图形小时，可涂黑
普通砖	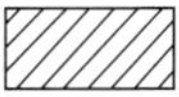	包括砌体、砌块、断面较窄不易画图例线时，可涂红	防水材料		构造层次多或比例较大时，采用上面图例
空心砖	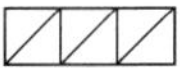	指非承重砖砌体	胶合板	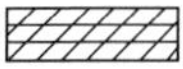	应注明×层胶合板
木材	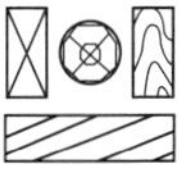	上图为横断面，下图为纵断面	液体	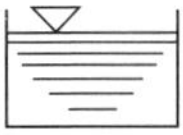	注明液体名称

4. 剖切符号

平面图主要用来表达建筑物的平面布置情况，对于建筑物的具体做法是用建筑物详图来加以表达的，详图实际上是建筑物的断面图，不同尺寸和构造的建筑物需加画断面图，与其对应在建筑物平面图上要标注剖切符号并对其进行编号。

（三）平面图的阅读方法

在阅读平面图时，应注意以下几点：

（1）了解图名、比例。

（2）了解建筑物的平面布置。

（3）了解剖切编号，通过剖切编号了解基础的种类，各类基础的平面尺寸。

（4）阅读设计说明，了解建筑物的施工要求、用料。

（四）详图的识读

1. 详图的形成与作用

假想用剖切平面垂直剖切建筑物，用较大比例画出的断面图称为建筑物详图。详图主要表达建筑物的形状、大小、材料和构造做法，是施工的重要依据。

2. 详图的图示方法

详图实际上是建筑物平面图的配合图，通过平面图与详图配合来表达完整的建筑物情况。详图尽可能与平面图画在同一张图纸上，以便对照施工。

（1）图线。详图中的轮廓均用中实线（0.5b）绘制。

（2）绘制比例。详图是局部图样，它采用比平面图要放大的比例，一般常用比例为 1∶10、1∶20 或 1∶50。

（3）轴线。为了便于对照阅读，详图的定位轴线应与对应的平面图中的定位轴线的编号一致。

（4）图例。剖切的断面需要绘制材料图例。通常材料图例按照制图规范的规定绘制，如果是钢筋混凝土结构，一般不绘制材料图例，而直接绘制相应的配筋图，用配筋图代表材料图例。

（5）尺寸标注。主要标注基础的定形尺寸，另外还应标注钢筋的规格、防潮层位置、室内地面、室外地坪及基础底面标高。

（6）文字说明。有关钢筋、混凝土、砖、砂浆的强度和防潮层材料及施工技术要求等说明。

（五）施工图识读步骤

在识读整套图纸时，应按照"总体了解、顺序识读、前后对照、重点细读"的读图方法。

1. 总体了解

一般是先看目录、总平面图和施工总说明，以大致了解工程的概况,如工程设计单位、建设单位、建筑物的位置、周围环境、施工技术要求等。对照目录检查图纸是否齐全,采用了哪些标准图并准备齐全这些标准图。然后看建筑平面、立面图和剖面图,大体上想象一下建筑物的立体形象及内部布置。

2. 顺序识读

在总体了解建筑物的情况以后,根据施工的先后顺序,从下至上仔细阅读有关图纸。

3. 前后对照

读图时,要注意平面图、剖面图对照着读,做到对整个工程施工情况及技术要求心中有数。

4. 重点细读

根据工种的不同,将有关专业施工图再有重点地仔细读一遍,并将遇到的问题记录下来,及时向设计部门反映。识读一张图纸时,应按由外向里、由大到小、由粗至细、图样与说明交替、有关图纸对照看的方法,重点看轴线及各种尺寸关系。

第二节　钢　筋　计　算

一、构件钢筋配置数量计算

（一）钢筋混凝土构件的配筋标注

钢筋混凝构件的配筋标注一般有两种形式:

1. 标注钢筋数量

一般梁、柱构件配筋用此种标注方式。如图 3-25 所示,纵向钢筋（主筋）标注为 $2\phi18$、$2\phi20$、$2\phi10$,直接标注出钢筋根数。

2. 标注钢筋间距

如图 3-25 所示,梁的箍筋标注为 $\phi8@250$（@250 表示钢筋间距为 250mm）;如图 3-26 所示,板的钢筋标注为 $\phi12@100$、$\phi6@200$。

采用这种标注方式常见的有梁、柱箍筋和钢筋混凝土板的主筋、分布筋、扣筋等，基础布筋有时也采取这种标注方式。

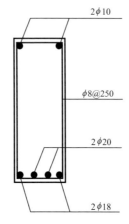

图 3-25　混凝土梁钢筋

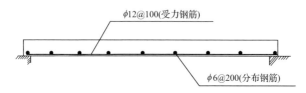

图 3-26　钢筋混凝土板配筋图

（二）钢筋混凝土构件中钢筋根数与间距计算

由于钢筋配置标注方式的不同，在下料时就需要通过计算来确定构件钢筋的根数或间距。

1. 钢筋间距计算

梁、柱等构件纵向钢筋直接标注数量，例如 3ϕ16，钢筋根数已注明，需要计算其间距。

$$s = (b - 2a)/(n - 1) \tag{3-1}$$

式中：s——钢筋布置间距；

　　　　b——构件截面宽度；

a——混凝土保护层厚度；

n——钢筋根数。

2. 钢筋根数计算

对于板的配筋、梁、柱等构件的箍筋，一般为标注钢筋间距，其钢筋根数可以按如下公式计算：

$$n = [(l - 2a)/s] + 1 \qquad (3\text{-}2)$$

式中：n——钢筋根数；

　　　l——构件垂直于钢筋方向的长度；

　　　s——钢筋布置间距；

　　　a——混凝土保护层值；

　　　$[\ ]$——取整符号，例如 $[4.65]$ 应取值为 4。

【例 3-1】　混凝土板纵筋配置为 $\phi 10 @ 120$，板长为 3900，板宽为 900，混凝土保护层厚度为 15，求板的纵筋数量。

解：根据已知条件，$l = 900$，$a = 15$，$s = 120$，则纵筋根数

$$\begin{aligned} n &= [(l - 2a)/s] + 1 \\ &= [(900 - 2 \times 15)/120] + 1 \\ &= [7.25] + 1 \\ &= 8 (\text{根}) \end{aligned}$$

3. 有加密区构件的箍筋根数计算

在设计梁、柱等构件时，有时为增加构件的斜截面抗剪能力，需要设置箍筋加密区。有箍筋加密区构件的箍筋根数可以按下面公式计算：

加密区内箍筋根数

$$n_{\text{加}} = [l_{\text{加}} / s_{\text{加}}] + 1 \qquad (3\text{-}3)$$

式中：$n_{\text{加}}$——加密区范围内箍筋根数；

　　　$l_{\text{加}}$——加密区长度，如在构件一端，应减去一个保护层厚度值；

　　　$s_{\text{加}}$——加密区箍筋间距。

（1）同一构件非加密区箍筋根数，有两种情况：

① 非加密不在构件端部时：

$$n_{非} = [l_{非} / s_{非}] - 1 \qquad (3-4)$$

② 非加密区在构件一端时:

$$n_{非} = [l_{非} / s_{非}] \qquad (3-5)$$

式中:$n_{非}$——非加密区箍筋根数;

$l_{非}$——非加密区长度,如在构中端部,应扣除一个保护层厚度值;

$s_{非}$——非加密区箍筋间距。

(2)加密区构件箍筋总数为

$$n = n_{加} + n_{非} \qquad (3-6)$$

注:按此公式计算构件中箍筋数量,在布筋时,首先应保证加密区两个端部位置布有箍筋。

二、钢筋长度计算

钢筋长度计算,对于钢筋混凝土构件中配置的直钢筋,一般通过构件标注尺寸扣除混凝土保护层厚度即可得到,计算较为简单。而对于弯起钢筋、斜向钢筋、曲线钢筋乃至一些特殊状构件所配置的钢筋,要计算其长度则要复杂多了,本节将分别介绍。

需说明的一点是,本节提到的钢筋长度,并非钢筋的下料长度。在本节所讲的钢筋计算长度基础上,增加弯钩长度、减去弯曲调整值以及作其他方面的调整后,才是钢筋下料长度,所以它只是计算钢筋下料长度的第一步。

(一)弯起钢筋长度计算

根据设计需要,梁、板类构件常配置一定数量的弯起钢筋,如图 3-27 所示。其中弯起角度一般分为 30°、45°、60° 三种。弯起钢筋平直段长度根据图纸标注可以很方便知道,下面主要介绍弯起钢筋斜段长度(即图 3-27 中 s)的计算方法。

1. 勾股弦法

勾股弦法,即采用直角三角形勾股定理计算斜段钢筋长度。以图 3-27 为例,可以将其简化为下图的直角三角形,s 即为斜段钢筋长度。

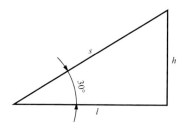

图 3-27　采用直角三角形勾股定理计算斜段钢筋长度

根据勾股定理,有

$$s^2 = l^2 + h^2$$

可得

$$s = \sqrt{l^2 + h^2} \tag{3-7}$$

2. 角度法

除了上面介绍的勾股弦法,还可利用已知弯起角度,利用三角函数关系求得弯起钢筋斜段长度 s 值。仍如图 3-27 为例,根据三角函数关系,有

$$h/s = \sin 30°$$

可得

$$s = h/\sin 30°$$

又

$$l/s = \cos 30°$$

可得

$$s = l/\cos 30°$$

代入 $\sin 30 = 0.5, \cos 30° = 0.866$ 则有 $s = 2h$

$$s = 1.155l \tag{3-8}$$

同理,可得当弯起角度 45° 与 60° 时,斜段长度 s 的值,详见表 3-10。根据已知弯起钢筋的水平长度 l 或高度 h,按表

中计算式,即可求得钢筋斜段长度值。

表 3-10 弯起钢筋斜段长度计算表

弯起角度	30°	45°	60°
s	2h	1.414h	1.155h
	1.155l	1.414l	2l

注: s——弯起钢筋斜段长度。

h——弯起钢筋弯起的垂直高度,这里指外包尺寸。

l——弯起钢筋斜段水平投影长度。

3. 放样法

放样法,即是通过对钢筋进行放样,对图上的钢筋样图进行逐段直接测量,由此得到钢筋长度的方法。

放样包括放大样(按 1∶1 比例放样)和放小样(按 1∶5、1∶10 比例放样)两种方式。下面是弯起钢筋放大样的步骤(见图 3-28):

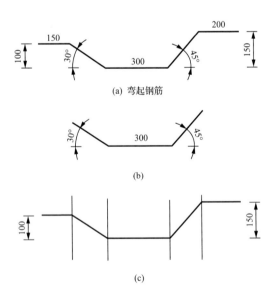

(a) 弯起钢筋

(b)

(c)

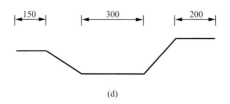

(d)

图 3-28　弯起钢筋放大样

（1）水平直线并截取长度为 300mm，分别用角尺量出 30°和 45°角，并画出斜线，见图 3-28(b)。

（2）在斜线上分别截取高度 100mm 和 150mm，画出与水平线垂直的竖线，见图 3-28(c)。

（3）画竖线的垂直线（水平线）分别按 150mm 和 200mm 画出钢筋的水平长度，即放样结束，见图 3-28(d)。

（4）量出斜段长度。

以上分别介绍了用勾股弦法、角度法、放样法计算弯起钢筋长度，对于常见形式的弯起钢筋，可以按表 3-11 查用。

表 3-11　　　　　　弯起钢筋长度计算表

弯起高度	$\alpha=30°$		$\alpha=45°$	$\alpha=60°$	
h/mm	l	s	s	l	s
30	50	60	40	20	30
40	70	80	60	25	50
50	90	100	70	30	60
60	100	120	90	350	70
80	140	160	110	50	90
90	160	180	130	55	100
100	170	200	140	60	120
120	210	240	170	70	140
150	260	300	210	90	170
200	350	400	280	120	230
250	430	500	350	150	290
300	520	600	420	170	350

弯起高度	$\alpha=30°$		$\alpha=45°$	$\alpha=60°$	
h/mm	l	s	s	l	S
350	610	700	490	200	400
400	690	800	560	230	460
450	780	900	630	260	520
500	870	1000	710	290	580
550	950	1100	780	320	630
600	1040	1200	850	350	690
650	1120	1300	920	380	750
700	1210	1400	990	410	810
750	1300	1500	1060	440	860
800	1380	1600	1130	460	920
850	1470	1700	1200	490	980
900	1560	1800	1270	520	1040
950	1640	1900	1340	550	1090
1000	1730	2000	1410	580	1150

注:1. l 为弯起钢筋水平投影长度(mm);s 为弯起钢筋斜长(mm);α 为弯起角度。

2. 钢筋弯曲后长度会出现延伸,配料时应予扣除,本表未计钢筋调整值。

(二)斜向钢筋计算

1. 计算法

斜向钢筋与弯起钢筋很相似,之所以将其单独叙述,是因为弯起钢筋的弯折角度一般采用 30°、45°、60° 三个标准角度,而斜向钢筋的则随构件的设计型式不同,弯折角度具有任意性。计算起来也就比弯起钢筋要复杂些。

变截面悬臂梁是钢筋混凝土结构中常见构件,这种构件配置的斜向受力钢筋,一般都如图 3-29 所示(为方便看图,其他钢筋均未画出)。

其中,角度 α 图纸一般都给出,常常采用 45°。其他的几个数据,如图示 a_1、a_0、c_0、h_0、h_0' 等一般设计图纸都有标注,或是根据相关标注可以很简单地计算出来。

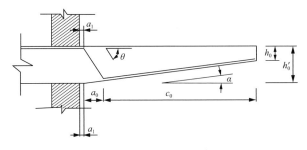

图 3-29　斜向受力钢筋示意图

下面计算斜向钢筋的长度值 l_1、l_2（见图 3-30）。

（1）勾股弦法。

由图上知 a 即等于 a_0，c 即等于 c_0，如果图纸已给出了 b、d 值，利用勾股定理，则有

$$l_1 = \sqrt{a^2 + b^2} \tag{3-9}$$

$$l_2 = \sqrt{c^2 + d^2} \tag{3-10}$$

（2）三角函数法。

如果图纸未直接给出 b、d 值，则利用已知条件求 b、d 较为麻烦，这时可以利用已知条件 a、c 和三角函数关系来求 l_1、l_2：

$$l_1 = a/\cos\theta \tag{3-11}$$

$$l_2 = c/\cos\alpha \tag{3-12}$$

α 值如果图纸未标明，可由 $\text{tg}\alpha = (h_0' - h_0)/(a_0 + c_0)$（见图 3-30），查三角函数表，即可求得 α 值。

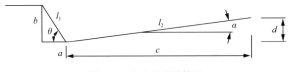

图 3-30　斜向钢筋计算图

2. 放样法

斜向钢筋的放样步骤与弯起钢筋相同,通过放样的实际测量可以得到斜向钢筋斜段的长度。

对于如图 3-30 所示这样的形式较为简单的构件,也可先将构件外形放大样(或放小样),再在其中进行钢筋放样,直接量取斜段钢筋长度,这样可省去角度计算的麻烦。

(三)曲线构件钢筋长度计算

曲线构件中曲线的走向和形状是以"曲线方程"确定的,其钢筋长度可以分别按下列方法计算:

1. 曲线钢筋长度计算

(1)渐近法。渐近法即将曲线钢筋长度分成较小段按直线计算的方法。

计算时,根据曲线方程 $y = f(x)$,沿水平方向分段,分段越细,计算出的结果越准确,每段长度 $l = x_i - x_{i-1}$,一般取 $300 \sim 500mm$,然后求已知 x 值时的相应 $y = (y_i, y_{i-1})$ 值,再用勾股定理计算每段的斜长(三角形的斜边),如图 3-31 所示。最后,将斜长(直线段)按下式叠加,即得曲线钢筋的长度(近似值)。

$$L = 2 \sum \sqrt{(y_i - y_{i-1})^2 + l^2} \tag{3-13}$$

其中:L——曲线钢筋长度;

x_i、y_i——曲线钢筋上任一点在 x 轴、y 轴上的投影距离;

l——水平方向每段长度。

(2)放样法。曲线钢筋的放样法,可以根据构件的标注尺寸,或是利用给出的构件曲线方程计算出一组关键点,将构件外形进行放大样或放小样,再在其中进行曲线钢筋放样,然后将曲线钢筋分成尽可能小的段,逐段量取相加即可得到钢筋长度。

在此介绍另一种简便方法,步骤如下:

1)将曲线构件与钢筋进行放样;

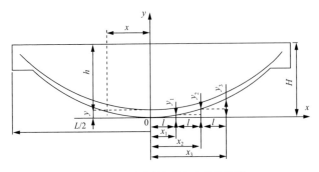

图 3-31　曲线构件钢筋长度计算简图

2) 用铁丝(或较细易成型的钢筋)依照钢筋曲线,做成曲线钢筋模型;

3) 展开铁丝(或钢筋),测量其直线长度,即为曲线钢筋长度。

实际上,放样法对于下面将要介绍的抛物线钢筋、圆形钢筋长度计算都适用。

2. 抛物线钢筋长度计算

当构件外边为抛物线形状时(见图 3-32),抛物线钢筋长度 L 可以按下式计算:

$$L = \left(1 + \frac{8h^2}{3l^2}\right)l \qquad (3\text{-}14)$$

式中　h——抛物线的矢高;

　　　l——抛物线水平投影长度。

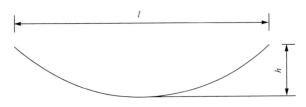

图 3-32　抛物线钢筋长度计算简图

3. 箍筋高度计算

根据曲线方程,以箍筋间距为 x_i 值,代入抛物线公式 $y = f(x)$,可求得 y_i 值,然后利用 x_i、y_i 值和施工图上有关尺寸,即可计算出该处的构件高度 $h_i = H - y_i$(见图 3-33),再扣去上下层混凝土保护层,即得各段箍筋高度。

【例 3-2】 钢筋混凝土鱼腹式吊车梁尺寸及配筋如图 3-33,下缘曲线方程为 $y = 0.0001x^2$,试求曲线钢筋长度及箍筋的高度。

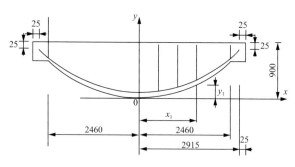

图 3-33 吊车梁尺寸及配筋图

解:(1)曲线钢筋长度计算

已知钢筋的保护层为 25mm,则钢筋的曲线方程为:$y = 0.0001x^2 + 25$,钢筋末端 c 点处的 y 值为 $900 - 25 = 875$mm,相应的 x 值为:

$$x = \sqrt{(y-25)/0.0001} = \sqrt{8500000} \approx 2915(\text{mm})$$

曲线钢筋按水平方向按每 300mm 分段,以半根钢筋长度进行计算的结果列于表 3-12 中,所分第一段始端的 $y = 25$ 未在表中示出,$y_i - y_{i-1}$ 栏中的 y_{i-1} 值取 25。

曲线钢筋总长为:

$$L = 2\sum \sqrt{(y_i - y_{i-1})^2 + (x_i - x_{i-1})^2}$$
$$= 2 \times 3072.3$$
$$\approx 6145(\text{mm})$$

表 3-12 钢筋长度计算表 （单位：mm）

段序	终端 x	终端 y	$x_i - x_{i-1}$	$y_i - y_{i-1}$	段长
1	300	34	300	9	300.1
2	600	61	300	27	301.2
3	900	106	300	45	303.4
4	1200	169	300	63	306.5
5	1500	250	300	81	310.7
6	1800	349	300	99	315.9
7	2100	466	300	117	322.0
8	2400	601	300	135	329.0
9	2700	754	300	153	336.8
10	2915	875	215	121	246.7

（2）箍筋高度计算

半跨梁的箍筋根数为：

$n = 2460/200 + 1 = 13.3$ 采用 14 根。

箍筋的上、下保护层均为 25mm，则根据箍筋所在位置的 x 值可算出相应的 y 值，则箍筋的高度

$$h_i \approx H - y_i - 50 = 900 - y_i - 50$$

各箍筋的实际间距为 $2460/(14-1) \approx 189 \text{(mm)}$

从跨中起向左（右）顺序编号的各箍筋高度见表 3-13。

表 3-13 箍筋高度计算表 （单位：mm）

编号	x	y	高度
1	0	0	850
2	189	4	846
3	378	14	836
4	567	32	818
5	756	57	795
6	945	89	761
7	1134	129	721
8	1323	175	675

编号	x	y	高度
9	1512	229	621
10	1701	289	561
11	1890	357	493
12	2079	432	418
13	2268	514	336
14	2460	605	245

（四）梯形构件中缩尺配筋长度计算

平面或立面为梯形的构件（如图3-34所示），其平面纵横向钢筋长度或立面箍筋高度，在一组钢筋中存在多种不同长度的情况，其下料长度或高度，可用数学方法根据比例关系进行计算，每根钢筋的长短差 Δ 可按下式计算：

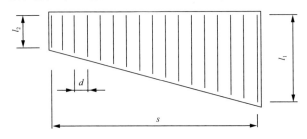

图 3-34　梯形构件缩尺配筋长度计算示意图

$$\Delta = (l_1 - l_2)/(n-1) \qquad (3\text{-}15)$$

或

$$\Delta = (h_1 - h_2)/(n-1) \qquad (3\text{-}16)$$

其中

$$n = s/d - 1 \qquad (3\text{-}17)$$

式中：Δ——每根钢筋长短差或箍筋高低差；

l_1、l_2——分别为平面梯形构件纵、横向配筋最大和最小长度；

h_1、h_2——分别为立面梯形构件箍筋的最大和最小高度；

n——纵、横筋根数或箍筋个数；

s——纵、横筋最长筋与最短筋之间或最高箍筋与最低箍筋之间的距离；

d——纵、横筋或箍筋的间距。

【例 3-3】 薄腹梁尺寸及箍筋如图 3-35 所示,混凝土保护层为 25mm,试计算确定每个箍筋的高度。

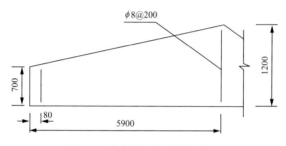

图 3-35　薄腹梁尺寸及箍筋示意图

解：由已知条件知：$s=5900\text{mm}$，$a=25\text{mm}$，$d=200$。

梁上部斜面坡度为：$(1200-700)/5900=5/59$

根据上述比例关系,最低箍筋所在位置的梁外形高度为：

$$700+80\times5/59\approx707(\text{mm})$$

故箍筋的最小高度

$$h_c=707-25\times2=657(\text{mm})$$

又,箍筋的最大高度

$$h_d=1200-2\times25=1150(\text{mm})$$

箍筋根数

$$n=s/d+1=(5900-80)/200+1=30.1$$

用 30 个箍筋,于是有

$$\Delta = (h_d - h_c)/(n-1)$$
$$= (1150 - 657)/(30 - 1)$$
$$= 17(\text{mm})$$

故各个箍筋的高度分别为:657mm、674mm、691mm、708mm、…、1150mm。

(五)螺旋箍筋长度计算

1. 螺旋箍筋精确计算

在圆柱形构件(如圆形柱、管柱、灌注桩等)中,螺旋箍筋沿主筋圆周表面缠绕,如图 3-36 所示,其每米钢筋骨架长的螺旋箍筋长度,可按下式计算:

$$l = \frac{2\pi a}{p}\left(1 - \frac{t}{4} - \frac{3}{64}t^2\right) \tag{3-18}$$

其中

$$a = \frac{1}{4}\sqrt{(p^2 + 4D^2)}$$

$$t = \frac{4a^2 - D^2}{4a^2}$$

式中:l——每 1m 钢筋骨架长的螺旋箍筋长度,mm;

p——螺距,mm;

π——圆周率,取 3.1416;

D——螺旋线的缠绕直径;采用箍筋的中心距,即主筋外皮距离加上一个箍筋直径,mm。

2. 螺旋箍筋简易计算方法

方法一,螺旋箍筋长度也可按以下简化公式计算:

$$l = 1000/p\sqrt{(\pi D)^2 + p^2} + \pi d/2 \tag{3-19}$$

式中:d——螺旋箍筋的直径,mm;

其他符号意义同前。

方法二,对于箍筋间距要求不大严格的构件,或当 p 与 D 的比值较小($p/d < 0.5$)时,箍筋长度也可以按下面近似公式计算:

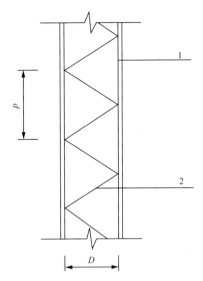

图 3-36　圆柱形构件螺旋箍筋计算示意图

1—主筋；2—螺旋箍筋

$$l = n \sqrt{p^2 + (\pi D)^2} \qquad (3\text{-}20)$$

式中：n——螺旋圈数；

其他符号意义同前。

方法三，螺旋箍筋的长度也可用类似缠绕三角形纸带方法根据勾股弦定理，按下式计算：

$$l = \sqrt{H^2 + (\pi D n)^2} \qquad (3\text{-}21)$$

式中：l——螺旋箍筋的长度，mm；

H——螺旋线起点到终点的垂直高度，mm；

n——螺旋线的缠绕圈数；

其他符号意义同前。

【例 3-4】　钢筋混凝土圆截面柱，采用螺旋形箍筋，钢筋骨架直径方向的主筋外皮距离为 290mm，钢筋直径 $d=$ 10mm，箍筋螺距 $p=90$mm，试求每 1m 钢筋骨架螺旋箍筋的下料长度。

解 1：用精确计算公式计算：

$D = 290 + 10 = 300\text{mm}$，根据螺旋箍筋精确计算公式，有

$$a = \frac{1}{4}\sqrt{(p^2 + 4D^2)} = \frac{1}{4}\sqrt{(90^2 + 4 \times 300^2)}$$

$$\approx 151.7$$

$$t = (4a^2 - D^2)/(4a^2) = (4 \times 151.7^2 - 300^2)/(4 \times 151.7^2)$$

$$\approx 0.0222$$

$$l = 2000\pi a/p \times [1 - t^2/4 - 3/64(t^2)^2 - 5/256(t^2)^3]$$

$$= 2000 \times 3.1416 \times 151.7/90 \times [1 - 0.0222^2/4 -$$

$$3/64(0.0222^2)^2 - 5/256(0.0222^2)^3]$$

$$= 10532(\text{mm})$$

解 2：采用螺旋箍筋简易计算方法的方法一计算

$$l = 1000/p\sqrt{(\pi D)^2 + p^2} + \pi d/2$$

$$= 1000/90\sqrt{(3.1416 \times 300)^2 + 90^2} + 3.1416 \times 10/2$$

$$\approx 10520(\text{mm})$$

解 3：采用螺旋箍筋简易计算方法的方法二计算

$$l = n\sqrt{p^2 + (\pi D)^2}$$

$$= 1000/90\sqrt{90^2 + (3.1416 \times 300)^2}$$

$$\approx 10520(\text{mm})$$

解 4：采用螺旋箍筋简易计算方法的方法三计算

这里，H 为 1000mm

$$l = \sqrt{H^2 + (\pi Dn)^2}$$

$$= \sqrt{1000^2 + (3.1416 \times 300 \times 1000/90)^2}$$

$$\approx 10520(\text{mm})$$

由上述几种计算方法的计算结果可以看出，简易方法与精确方法计算结果相差很小。

三、钢筋截面面积与重量计算

（一）钢筋截面面积计算

1. 公式法计算钢筋截面面积

单根 HPB300 钢筋截面面积可用下面公式计算：

$$F = \frac{1}{4}\pi D^2 \tag{3-22}$$

式中：F——单根钢筋截面面积，cm^2；

π——圆周率，取 3.1416；

D——钢筋直径，cm。

对于带肋钢筋，已知直径也可以用上面公式计算其截面面积。这里所说的带肋钢筋的"直径"，为计算直径，指的是按单位长度和光面钢筋具有相同重量时的"当量直径"。

2. 重量法计算带肋钢筋截面面积和直径

进行钢筋拉伸试验或钢筋质量检查，都应知道钢筋的计算直径。光圆钢筋可用游标卡尺或外径千分尺量得；对带肋钢筋，则较难准确测量，一般应用计算的方法。具体方法是，取表面未经车削的带肋钢筋长约 20cm，两端截面切平、切直，称重量后，先按下式计算截面面积：

$$F = \frac{Q}{7.85L} \tag{3-23}$$

式中：F——带肋钢筋的截面面积，mm^2；

Q——带肋钢筋的重量，g；

L——带肋钢筋的长度，mm。

截面面积求出后，再按下式计算带肋钢筋的计算直径 d_0：

$$d_0 = 10\sqrt{\frac{4F}{\pi}} \tag{3-24}$$

式中：d_0——带肋钢筋的计算直径，mm；

F——带肋钢筋的截面面积，cm^2。

【例 3-5】 切取带肋钢筋 20cm 长一段，两端切平后称得重量为 596g，试求其计算直径。

解：其截面面积为

$$F = \frac{Q}{7.85L} = \frac{596}{7.85 \times 20} \approx 3.7962 (\text{cm}^2)$$

其计算直径为

$$d_0 = 10\sqrt{\frac{4F}{\pi}} = 10\sqrt{\frac{4 \times 3.7962}{\pi}} \approx 21.99 \approx 22 (\text{mm})$$

故计算直径为 22mm。

（二）钢筋重量计算

1. 公式法

每 1m 长钢筋的体积可按下式计算：

$$V = \pi d^2/4 \times 1000$$
$$= 250\pi d^2 \qquad\qquad (3\text{-}25)$$

每 1m 长的钢筋的重量可按下式计算：

$$G = 7850 \times 10^{-9} \times 250\pi d^2$$
$$= 0.006165 d^2 \qquad\qquad (3\text{-}26)$$

式中： V——每 1m 长钢筋的体积，mm^3；

          π——圆周率，取 3.1416；

          d——钢筋直径，mm，带肋钢筋为公称直径或称计算直径；

          G——单位长度钢筋的重量，kg；

7850×10^{-9}——钢材的密度，kg/mm^3。

  2. 常用钢筋截面面积与理论质量

根据上述公式，可以计算各种规格钢筋的单位长度重量或单根重量。

【例 3-6】 已知 $\phi 20\text{mm}$ 钢筋 753mm，试求其重量。

解：由式（3-26）计算其重量为

$$G = 0.006165 d^2 l$$
$$= 0.006165 \times 20^2 \times 0.753$$
$$\approx 1.86 (\text{kg})$$

第三节　钢筋配料计算

一、钢筋下料长度计算

　　钢筋混凝土构件中的钢筋，由于设计及规范要求，有的需在中间弯折一定角度，有的则要求在两端做各种角度的弯钩。在加工钢筋时，如按照设计图纸中钢筋的标注尺寸逐段相加，以此值作为下料长度，加工成型后的钢筋长短是不合适的，造成这种情况的原因有两方面：第一，钢筋设计尺寸标注方法的影响。由于我们的设计尺寸标注的是钢筋外皮尺寸，也有极少数注里皮尺寸，而下料长度却是中心线尺寸。例如一个直角，如设计时注的是外皮尺寸，则每边相对钢筋的中心线而言都是多量了 $1/2$ 的长度，两边即多量了一个 d。如图 3-37 所示。如设计时尺寸标注的是里皮尺寸（如钢

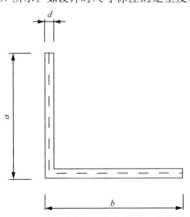

图 3-37　设计尺寸标注法与钢筋中心线的关系

箍),同样量一个直角尺寸,它就要比中心线尺寸少量了一个 d 的长度(比外皮尺寸则少量了 $2d$ 长度)。第二,将一段钢筋弯折成 $90°$,实际成型的钢筋不是理想的直角,而是一段圆弧,如图 3-38 所示。从中心线来看,其长度为 $a+b$,而实际长度为 $a+b-(ce+ed-cd$ 弧)。所以下料时应该在标注或计算尺寸上减去一个值,这个值与圆弧弯心直径 D 的大小有关,当 D 越大,它也就越大。这个值就是弯曲调整值(相对于外皮尺寸而言)。

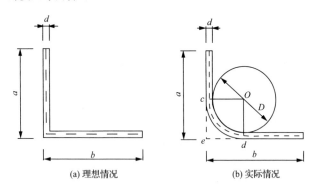

(a) 理想情况   (b) 实际情况

图 3-38　钢筋成型理想情况与实际情况

根据上述两方面原因,钢筋下料时应在设计标注尺寸上进一步调整,这个调整值就是钢筋弯曲调整值及弯钩增加长度。

(一) 钢筋弯曲调整值及弯钩增加长度

前面已提到了弯曲调整值的概念,弯曲调整在钢筋长度计算中是一个应该扣除的值。有关钢筋的弯曲形式如图 3-39 所示。

1. 钢筋弯曲直径的有关规定

HPB300 钢筋为了增加其与混凝土锚固的能力,一般在其两端做成 $180°$ 弯钩。因其韧性较好,圆弧弯曲直径 D 不应小于钢筋直径 d 的 2.5 倍,平直部分长度不宜小于钢筋直径 d 的 3 倍;用于轻骨料混凝土结构时,其弯曲直径 D 不应小于钢筋直径 d 的 3.5 倍。

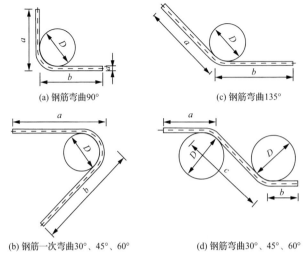

(a) 钢筋弯曲90°

(c) 钢筋弯曲135°

(b) 钢筋一次弯曲30°、45°、60°

(d) 钢筋弯曲30°、45°、60°

图 3-39　钢筋弯曲型式

a、b—量度尺寸；l_x—下料长度

带肋钢筋与混凝土黏结性能较好,一般在两端不设 180° 弯钩。但由于锚固长度原因钢筋末端需作 90°或 135°弯折时,HRB400 钢筋不宜小于钢筋直径 d 的 5 倍;平直部分长度应按设计要求确定。

弯起钢筋中间部位弯折处的弯曲直径 D,不应小于钢筋直径 d 的 5 倍。

当箍筋用 HPB300 钢筋或冷拔低碳钢丝制作时,其末端应做弯钩,其弯曲直径 D 应大于受力钢筋直径,且不小于箍筋直径 d 的 2.5 倍;弯钩平直部分的长度,对一般结构,不宜小于箍筋直径的 5 倍,对有抗震要求的结构,不应小于箍筋直径的 10 倍。

2. 钢筋弯折各种角度时的弯曲调整值

(1) 钢筋弯折 90°时的弯曲调整值,见图 3-40。

设弯曲调整值为 Δ,则有

$$\Delta = A'B' + B'D' - A°B°(弧)$$

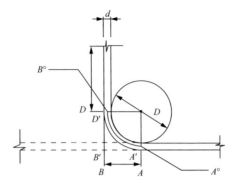

图 3-40　钢筋弯曲 90°时的弯曲调整值计算简图

由于 $A'B' = B'D'$，故

$$\Delta = 2A'B' - AB(弧)$$

又有 $A'B' = D/2 + d, A°B°(弧) = \pi/4(D+d)$

所以

$$\Delta = 2(D/2 + d) - \pi/4(D+d)$$
$$= 0.215D + 1.215d \qquad (3\text{-}27)$$

不同级别钢筋弯折 90°时的弯曲调整值参见表 3-14。

表 3-14　　钢筋弯折 90°和 135°时的弯曲调整值

弯折角度	钢筋级别	弯曲调整值	
		计算式	取值
90°	HPB300	$\Delta = 0.215D + 1.215d$	1.75d
	HRB400		2.29d
135°	HPB300	$\Delta = 0.822d - 0.178D$	0.38d
	HRB400		0.07d

（2）钢筋弯折 135°时的弯曲调整值，见图 3-41。

$$\Delta = AB + DE - A°D°(弧)$$

其中，$AB = DE = D/2 + d, A°D°(弧) = 135/360\pi(D+d)$，
故

$$\Delta = 2(D/2 + d) - 135/360\pi(D+d)$$
$$= 0.822d - 0.178D \qquad (3\text{-}28)$$

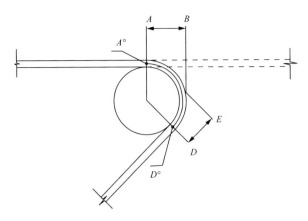

图 3-41　钢筋弯折 135°时的弯曲调整值计算简图

不同级别的钢筋弯折 135°时的弯曲调整值见表 3-14。

（3）钢筋弯折 30°、45°、60°时的弯曲调整值。

$$\Delta = \theta/360\pi(D+d)/2 - 2(D/2+d)\mathrm{tg}(\theta/2) \quad (3\text{-}29)$$

将 θ 值 30°、45°、60°分别代入，可得 Δ 值如表 3-15。

表 3-15　　钢筋弯折 30°、45°、60°时的弯曲调整值

项次	弯折角度	钢筋弯曲调整值	
		计算式	按 $D=5d$
1	30°	$\Delta=0.006D+0.274d$	$0.3d$
2	45°	$\Delta=0.022D+0.436d$	$0.55d$
3	60°	$\Delta=0.054D+0.631d$	$0.9d$

（4）弯起钢筋弯折 30°、45°、60°时的弯曲调整值。

同样，可得到弯起钢筋弯曲调整值，见表 3-16。

由于钢筋加工实际操作往往不能准确地按规定的最小 D 值取用，有时略偏大或略偏小取用，再有时成型机心轴规格不全，不能完全满足加工的需要，因此除按以上计算方法求弯曲调整值之外，亦可以根据各工地实际经验确定。

表 3-16　　弯起钢筋弯曲 30°、45°、60°的弯曲调整值

项次	弯折角度	钢筋弯曲调整值	
		计算式	按 $D=5d$
1	30°	$\Delta=0.012D+0.28d$	$0.34d$
2	45°	$\Delta=0.043D+0.457d$	$0.67d$
3	60°	$\Delta=0.108D+0.685d$	$1.23d$

（5）钢筋 180°弯钩长度增加值。

根据规定，HPB300 钢筋两端做 180°弯钩，其弯曲直径 $D=2.5d$，平直部分长度为 $3d$，如图 3-42 所示。量度方法以外包尺寸度量，其每个弯钩的加长长度为

$$
\begin{aligned}
E/F &= ABC(\text{弧})+EC-AF \\
&= \pi/2(D+d)+3d-(D/2+d) \\
&= 1/2\pi(2.5d+d)+3d-(2.5d/2+d) \\
&\approx 6.25d
\end{aligned}
\tag{3-29}
$$

而箍筋做 180°弯钩时，其平直部分长度为 $5d$，则其每个弯钩增加长度为 $8.25d$。

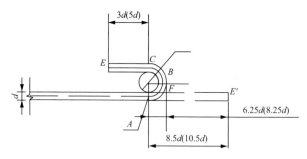

图 3-42　钢筋 180°弯钩长度增加值计算简图

（二）常用钢筋下料长度

钢筋的下料长度计算公式如下：

（1）直钢筋下料长度＝构件长度－混凝土保护层＋弯

钩增加长度

（2）弯起钢筋下料长度＝直段长度＋斜段长度－弯曲调整值＋弯钩增加长度

（3）箍筋下料长度＝直段长度＋弯钩增加长度－弯曲调整值

或箍筋下料长度＝箍筋周长＋箍筋长度调整值

（4）其他类型钢筋下料长度：

曲线钢筋(环型钢筋、螺旋箍筋、抛物线钢筋等)下料长度的计算公式为

$$下料长度 = 钢筋长度计算值 + 弯钩增加长度$$

（三）箍筋下料长度的计算

由于箍筋弯钩型式较多,下料长度计算比其他类型钢筋较为复杂,在此将其计算过程详作介绍,并附有相关表格,以便查用。

1. 箍筋型式

常用的箍筋形式有 3 种,见图 3-43,图 3-43(a)(b)是一般形式箍筋,图 3-43(c)是有抗震要求和受扭构件的箍筋。

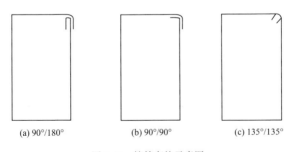

(a) 90°/180°　　　　(b) 90°/90°　　　　(c) 135°/135°

图 3-43　箍筋弯钩示意图

2. 箍筋弯钩长度增加值的计算

对应上述常用箍筋形式,箍筋的弯钩形式有三种,即半圆弯钩(180°)、直弯钩(90°)、斜弯钩(135°),分别见图 3-42、图 3-44、图 3-45、图 3-46。

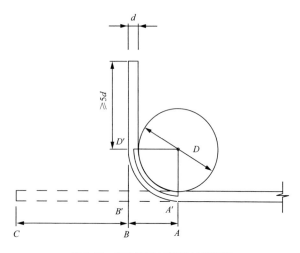

图 3-44 箍筋端部 90°弯钩计算简图

箍筋弯钩增加长度的计算如下。

（1）半圆形弯钩（180°）。

按前面提到的计算方法，箍筋半圆弯钩增加长度

$$l_z = 1.071D + 0.571D + l_p$$

取 $D = 2.5d, l_p = 5D$，则有

$$l_z = 1.071 \times 2.5d + 0.571 \times 2.5d + 5 \times 2.5d$$
$$\approx 16.6d \tag{3-30}$$

（2）直弯钩（90°）。

对于一般结构，箍筋端部为直弯钩（90°），其弯钩增加值可按图 3-44 计算。

$$l_z = AC - AB$$

根据计算图有 $AC = A/D/(弧) + l_p = \pi/4(D+d) + l_p$

$AB = D/2 + d$，所以

$$l_z = AC - AB$$
$$= \pi/4(D+d) + l_p - (D/2 + d)$$

$$= 0.785D + 0.785d + l_p - 0.5D - d$$
$$= 0.285D - 0.215d + l_p \qquad (3\text{-}31)$$

式中：D——弯钩的弯曲直径，应大于受力钢筋直径，且不小于箍筋直径的 5 倍；

　　　d——箍筋直径。

（3）斜弯钩（135°）。

对有抗震要求的结构，箍筋端部为斜弯钩（135°）。其弯钩增加值可按图 3-45 计算。

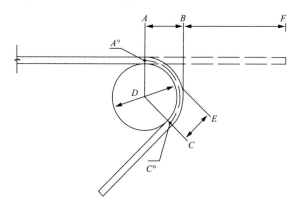

图 3-45　箍筋端部 135°弯钩计算简图

一个弯钩下料长度增加值

$$l_z = AF - AB$$

根据计算图有

$$AF = A°C°(弧) + l_p = 135\pi(D+d)/360 + l_p$$
$$= 1.178(D+d) + l_p$$

$$AB = D/2 + d，所以$$

$$l_z = AF - AB$$
$$= 1.178(D+d) + l_p - (D/2 + d)$$
$$= 0.678D - 0.178d + l_p \qquad (3\text{-}32)$$

式中：D——弯钩的弯曲直径，应大于受力钢筋直径，且不小于箍筋直径的 5 倍；

d——箍筋直径。

HPB300 钢筋弯曲直径 D 取 $2.5d$。弯钩平直段的取值，直弯钩（90°）和半圆弯钩（180°）取 $l_p = 5d$，斜弯钩（135°）取 $l_p = 10d$。则弯钩增加长度 l_z 的计算结果见表 3-17。

表 3-17 箍筋弯钩增加长度计算表

弯钩形式	弯钩增加长度计算公式（l_z）	l_p 取值	HPB300 钢筋 l_z 值（取 $D = 2.5d$）
半圆弯钩（180°）	$l_z = 1.071D + 0.571D + l_p$	$5d$	$8.25d$
直弯钩（90°）	$l_z = 0.285D - 0.215d + l_p$	$5d$	$5.5d$
斜弯钩（135°）	$l_z = 0.678D - 0.178d + l_p$	$10d$	$12d$

3. 箍筋下料长度计算

箍筋下料长度＝箍筋外皮周长＋弯钩增加长度－弯曲调整值

箍筋一般以内皮尺寸标示，此时，每边加上 $2d$，即成外皮尺寸，根据前面的公式，可以得到各种类型箍筋的下料长度，见表 3-18。

二、钢筋配料

（一）钢筋配料单的编制

钢筋配料单是确定钢筋下料加工依据，也是在钢筋安装中作为区别各工程项目、构件和各种编号的标志。

钢筋配料单一般由构件名称、钢筋编号、钢筋简图、尺寸、钢号、数量、下料长度及重量等内容组成。

编制步骤如下：

（1）熟悉图纸，识读构件配筋图，对照立面图、剖面图和钢筋明细表，弄清每一编号的钢筋直径、规格、种类、形状、数量，以及在构件中的位置和相互关系，弄清结构的构造。

编号	钢筋种类	简图	弯钩类型	下料长度
1	HPB300 ($D=2.5d$)		180°/180°	$a+2b+19d$ $(a+2b)+(6-2\times$ $1.75+2\times8.25)d$
2			180°/90°	$2a+2b+17d$ $(2a+2b)+(8-3\times$ $1.75+8.25+5.5)d$
3			90°/90°	$2a+2b+14d$ $(2a+2b)+(8-3\times$ $1.75+2\times5.5)d$
4			135°/135°	$2a+2b+27d$ $(2a+2b)+(8-3\times$ $1.75+2\times12)d$

注：表中 a、b 均为箍筋内皮尺寸。

（2）绘制钢筋简图，根据构件配筋及下料长度计算的有关规定，逐根复核其钢筋的编号、简图、直径、规格长度等是否正确无误。

【例 3-7】 在某钢筋混凝土结构中，现在取一跨钢筋混凝土梁 L-1，其配筋均按 HPB300 级钢筋考虑，如图 3-46 所示。试计算该梁钢筋的下料长度，给出钢筋配料单。

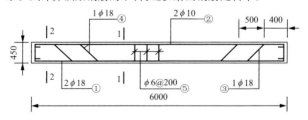

图 3-46 某钢筋混凝土结构钢筋图（单位：mm）

解：梁两端的保护层厚度取 10mm，上下保护层厚度取 25mm。

(1) ①号钢筋为 2ϕ18，下料长度为（计算简图见表 3-19）：

直钢筋下料长度＝构件长－保护层厚度＋末端弯钩增加长度

$$= 6000 - 10 \times 2 + (6.25 \times 18) \times 2 = 6205(\text{mm})$$

(2) ②号钢筋为 2ϕ10，下料长度为（计算简图见表 3-19）：

直钢筋下料长度＝构件长－保护层厚度＋末端弯钩增加长度

$$= 6000 - 10 \times 2 + (6.25 \times 10) \times 2 = 6105(\text{mm})$$

(3) ③号钢筋为 1ϕ18，下料长度为（计算简图见表 3-19）：

端部平直段长＝400－10＝390(mm)

斜段长＝(450－25×2)÷sin45°＝564(mm)

中间直段长＝6000－10×2－390×2－400×2＝4400(mm)

钢筋下料长度＝外包尺寸＋端部弯钩－量度差值(45°)

$$= [2 \times (390 + 564) + 4400] + (6.25 \times 18) \times 2 - (0.5 \times 18) \times 4$$

$$= (1908 + 4400) + 225 - 36 = 6497(\text{mm})$$

(4) ④号钢筋为 1ϕ18，下料长度为（计算简图见表 3-19）：

端部平直段长＝(400＋500)－10＝890(mm)

斜段长＝(450－25×2)÷sin45°＝564(mm)

中间直段长＝6000－10×2－890×2－400×2＝3400(mm)

钢筋下料长度＝外包尺寸＋端部弯钩－量度差值(45°)

$$= [2 \times (890 + 564) + 3400] + (6.25 \times 18) \times 2 - (0.5 \times 18) \times 4$$

$$= 6308 + 225 - 36 = 6497(\text{mm})$$

(5) ⑤号钢筋为 ϕ6，下料长度为：

宽度外包尺寸＝(200－2×25)＋2×6＝162(mm)

长度外包尺寸＝(450－2×25)＋2×6＝412(mm)

箍筋下料长度＝2×(162＋412)＋14×6－3×(2×6)

$$= 1148 + 84 - 36 = 1196(\text{mm})$$

箍筋数量＝(6000－10×2)÷200＋1≈31(个)

(6) 钢筋加工配料单，见表 3-19。

(二) 钢筋配料

钢筋配料是钢筋加工中的一项重要工作，合理地配料能使钢筋得到最大限度的利用，并使钢筋的安装和绑扎工作简

表 3-19　　　　　　钢筋加工配料单

构件名称	钢筋编号	计算简图（单位:mm)	直径/mm	级别	下料长度/m	单位根数	合计根数	重量/kg
构件:L-1 位置: ②-③ 数量:5	①	⌐ 6205 ⌐	18	φ	6.21	2	10	123
	②	⌐ 6105 ⌐	10	φ	6.11	2	10	37.5
	③	390 ⟍ 4400 ⟋ 390	18	φ	6.49	1	5	64.7
	④	890 ⟍ 3400 ⟋ 890	18	φ	6.49	1	5	64.7
	⑤	412 / 162	6	φ	1.20	31	165	44.0
备注		合计:6=44.0kg;10=37.5kg;18=252.4kg						

单化。钢筋配料是依据钢筋表合理安排同规格、同品种的下料,使钢筋的出厂规格长度能够得到充分利用,或库存各种规格和长度的钢筋得到充分利用。

1. 归整相同规格和材质的钢筋

下料长度计算完毕后,把相同规格和材质的钢筋进行归整和组合,同时根据现有钢筋的长度和能够及时采购到的钢筋的长度进行合理组合加工。

2. 合理利用钢筋的接头位置

对有接头的配料,在满足构件中接头的对焊或搭接长度、接头错开的前提下,必须根据钢筋原材料的长度来考虑接头的布置。要充分考虑原材料被截下来的一段长度的合理使用,如果能够使一根钢筋正好分成几段钢筋的下料长度,则是最佳方案。但往往难以做到,所以在配料时,要尽量保证被截下的一段能够长一些,这样才不致使余料成为废料,使钢筋能得到充分利用。

3. 钢筋配料应注意的事项

（1）配料计算时，要考虑钢筋的形状和尺寸在满足设计要求的前提下，要有利于加工安装。

（2）配料时，要考虑施工需要的附加钢筋。如板双层钢筋中保证上层钢筋位置的撑脚、墩墙双层钢筋中固定钢筋间距的撑铁、柱钢筋骨架增加四面斜撑等。

根据钢筋下料长度计算结果和配料选择后，汇总编制钢筋配单。在钢筋配料单中必须反映出工程部位、构件名称、钢筋编号、钢筋简图及尺寸、钢筋直径、钢号、数量、下料长度、钢筋重量等。

列入加工计划的配料单，将每一编号的钢筋制作一块料牌作为钢筋加工的依据，并在安装中作为区别各工程部位、构件和各种编号钢筋的标志，见图 3-47。

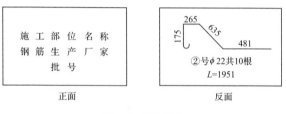

图 3-47　钢筋料牌

钢筋配料单和料牌，应严格校核，必须准确无误，以免返工浪费。

第四节　钢筋代换计算

一、钢筋代换原则

（1）在施工中，已确认工地不可能供应设计图要求的钢筋品种和规格时，才允许根据库存条件进行钢筋代换。

（2）代换前，必须充分了解设计意图、构件特征和代换钢筋性能，严格遵守国家现行设计规范和施工验收规范及有关技术规定。

（3）代换后，仍能满足各类极限状态的有关计算要求以及必要的配筋构造规定（如受力钢筋和箍筋的最小直筋、间距、锚固长度、配筋百分率以及混凝土保护层厚度等）；在一般情况下，代换钢筋还必须满足截面对称的要求。

钢筋等级的替换不应超过一级。用高一级钢筋替换低一级的钢筋时，宜采用改变钢筋直径的方法而不宜采用改变钢筋根数的方法，部分构件应进行裂缝和变形验算。

以较粗的钢筋替换较细的钢筋时，部分构件应校核握裹力。

（4）对抗裂性要求高的构件（如吊车梁、薄腹梁、屋架下弦等），不宜用低等级钢筋代换高等级钢筋，以免裂缝宽度过宽。

（5）梁内纵向受力钢筋与弯起钢筋应分别进行代换，以保证正截面与斜截面强度。

（6）偏心受压构件或偏心受拉构件（如框架柱、承受吊车荷载的柱、屋架上弦等）钢筋代换时，应按受力方面（受压或受拉）分别代换，不得取整个截面配筋量计算。

（7）吊车梁等承受反复荷载作用的构件，必要时，应在钢筋代换后进行疲劳验算。

（8）预制构件的吊环必须采用未经冷拉的 HPB300 热轧钢筋制作，严禁以其他钢筋代换。

（9）当构件受裂缝宽度控制时，代换后应进行裂缝宽度验算。如代换后裂缝宽度有一定增大（但不超过允许的最大裂缝宽度，被认为代换有效），还应对构件做挠度验算。

（10）同一截面内配置不同种类和直径的钢筋代换时，每根钢筋拉力差不宜过大（同品种钢筋直径一般不大于 5mm），以免构件受力不均。

（11）钢筋代换应避免出现大材小用、优材劣用或不符合专料专用现象。某种直径的钢筋，用同牌号的另一直径钢筋替换时，其直径变更范围不宜超过 4mm；替换后的钢筋总截面面积不应小于设计规定截面面积的 98%，也不应大于设计规定截面面积的 103%。

（12）进行钢筋代换的效果，除应考虑代换后仍能满足结构各项技术性能要求之外，同时还要保证用料的经济性和加工操作的方便。

（13）重要结构和预应力混凝土钢筋的代换应征得设计单位的同意。

二、钢筋代换计算

钢筋代换计算方法分为等强度代换、等面积代换、等弯距代换三种方法。

（一）钢筋等强度代换计算

当结构构件按强度控制时，可按强度相等的方法进行代换，即代换后钢筋的"钢筋抗力"不小于施工图纸上原设计配筋的"钢筋抗力"，即

$$A_{s1} f_{y1} \leqslant A_{s2} f_{y2} \qquad (3\text{-}33)$$

或

$$n_1 d_1^2 f_{y1} \leqslant n_2 d_2^2 f_{y2} \qquad (3\text{-}34)$$

当原设计钢筋与拟代换的钢筋直径相同时

$$n_1 f_{y1} \leqslant n_2 f_{y2} \qquad (3\text{-}35)$$

当原设计钢筋与拟代换的钢筋级别相同时（即 $f_{y1} = f_{y2}$）

$$n_1 d_1^2 \leqslant n_2 d_2^2 \qquad (3\text{-}36)$$

式中：f_{y1}, f_{y2}——分别为原设计钢筋和拟代换用钢筋的抗拉强度设计值，N/mm²；

A_{s1}, A_{s2}——分别为原设计钢筋和拟代换钢筋的计算截面面积，mm²；

n_1, n_2——分别为原设计钢筋和拟代换钢筋的根数，根；

d_1, d_2——分别为原设计钢筋和拟代换钢筋的直径，mm；

$A_{s1} f_{y1}, A_{s2} f_{y2}$——分别为原设计钢筋和拟代换钢筋的钢筋抗力，N。

在普通钢筋混凝土构件中,高强度钢筋难以充分发挥作用,故多采用 HRB400、RRB400 钢筋以及 HPB300 钢筋和乙级冷拔低碳钢丝,也可以采用直径小于或等于 12mm 的冷拉 HPB300 钢筋。

钢筋计算截面面积是根据它们的直径大小,按圆形面积计算公式 $A = \pi d^2 / 4$ 算出的截面积 A_s。

当多种规格钢筋代换时,则有

$$\sum n_1 d_1^2 f_{y1} \leqslant \sum n_2 d_2^2 f_{y2} \tag{3-37}$$

当用两种钢筋代换原设计的一种钢筋时

$$n_1 d_1^2 f_{y1} \leqslant n_2 d_2^2 f_{y2} + n_3 d_3^2 f_{y3} \tag{3-38}$$

当用多种钢筋代换原设计一种钢筋时

$$n_1 d_1^2 f_{y1} \leqslant n_2 d_2^2 f_{y2} + n_3 d_3^2 f_{y3} + n_4 d_4^2 f_{y4} + \cdots \tag{3-39}$$

式中符号意义同前,式中有下标"2""3""4"…代表拟代换的两种或多种钢筋。

具体应用时,应多试算几种情况,进行比较以便得到一个较为经济合理的钢筋代换方案。

(二)钢筋等面积代换计算

当构件按最小配筋率配筋时,钢筋可按面积相等的方法按下式进行代换:

$$A_{s1} \leqslant A_{s2}$$

或

$$n_1 d_1^2 \leqslant n_2 d_2^2$$

式中：A_{s1},n_1,d_1——分别为原设计钢筋的计算截面面积,
mm²；根数,根；直径,mm；

A_{s2},n_2,d_2——分别为拟代换钢筋的计算截面面积,
mm²；根数,根；直径,mm。

【例 3-8】 某工程底板按构造最小配筋率配筋为Φ14@200,现拟用Φ16 钢筋代换,试求代换后的钢筋数量。

解：因底板为按构造要求最小配筋率配筋,故按等面积

进行代换：

$$n_2 = n_1 d_1^2 / d_2^2$$
$$= 5 \times 14^2 / 16^2 \approx 3.83(根)$$

故知钢筋可用 4 根⊈ 16 代换。

（三）钢筋等弯矩代换计算

钢筋代换时，如钢筋直径加大或根数增多，需要增加排数，从而会使构件截面的有效净高度 h_0 相应减小，截面强度降低，不能满足原设计抗弯强度要求。此时应对代换后的截面强度进行复核，如不能满足要求，应稍加配筋，予以弥补，使与原设计抗弯强度相当。对常用矩形截面的受弯构件，可按以下复核截面强度。

由钢筋混凝土结构计算知，矩形截面所能承受的设计弯矩 M_u 为

$$M_u = f_y A_s [h_0 - f_y A_s / (2f_{cm} b)] \qquad (3\text{-}40)$$

则钢筋代换后应满足下式要求：

$$f_{y2} A_{s2} [h_{02} - f_{y2} A_{s2} / (2f_{cm} b)] \geqslant f_{y2} A_{s2} [h_{02} - f_{y1} A_{s2} / (2f_{cm} b)] \qquad (3\text{-}41)$$

式中：f_{y1}, f_{y2}——分别为原设计钢筋和拟代换钢筋的抗拉强度设计值，N/mm²；

A_{s1}, A_{s2}——分别为原设计钢筋和拟代换钢筋的计算截面面积，mm²；

h_{01}, h_{02}——分别为原设计钢筋和拟代换钢筋合力点至构件截面受压边缘的距离，mm；

f_{cm}——混凝土的弯曲抗压强度设计值；对 C20 混凝土为 11N/mm²，C25 混凝土为 13.5N/mm²，C30 混凝土为 16.5N/mm²；

b——构件截面宽度，mm。

（四）钢筋代换抗裂度、挠度验算

当结构构件按裂缝宽度控制时，其钢筋代换如用同品种粗钢筋等强度代换细钢筋，或用光圆钢筋代换带肋钢筋，应

按《混凝土结构设计规范》(GB 50010—2010)(2015 年版),按代换后的配筋重新验算裂缝宽度是否满足要求;如代换后钢筋的总截面面积减少,应同时验算裂缝宽度和挠度。

第四章

钢 筋 加 工

第一节 钢筋除锈与调直

经验之谈

钢筋需调直原因

★弯曲不直的钢筋在混凝土中不能与混凝土共同工作而导致混凝土出现裂缝，以至于产生不应有的破坏。如果用未经调直的钢筋来断料，断料钢筋的长度不可能准确，从而会影响到钢筋成型，绑扎安装等一系列工序的准确性。因此钢筋调直是钢筋加工中不可缺少的工序。

钢筋的调直和清除污锈应满足下列要求：

（1）钢筋的表面应洁净，使用前应将表面油渍、漆污、锈皮、鳞锈等清除干净。钢筋表面的水锈和色锈可不做专门处理。钢筋表面有严重锈蚀、麻坑、斑点等，应经鉴定后视损伤情况确定降级使用或剔除不用。

（2）钢筋应平直，无局部弯折，钢筋中心线同直线的偏差不应超过其全长的1%。弯曲的钢筋均应矫直后方可使用。

调直的钢筋不应出现死弯，否则应剔除不用。钢筋调直后如有劈裂现象，应作为不合格品，并应重新鉴定该批钢筋质量。

（3）钢筋调直后其表面不应有明显的伤痕。

（4）钢筋的调直宜采用机械调直或冷拉方法调直。如用冷拉方法调直钢筋，则其矫直冷拉率不应大于1%。对于

HPB300 钢筋,为了能在冷拉调直的同时去锈皮,冷拉率可加大,但不应大于 2%。钢筋伸长值的测量起点,以卷扬机或千斤顶拉紧钢筋(约为冷拉控制应力的 1%)为准。

(5)钢筋除锈宜采用除锈机、风砂枪等机械除锈,钢筋数量较少时,可采用人工除锈。除锈后的钢筋应尽快使用。

一、除锈的作用和方法

(一)钢筋除锈的作用

钢筋由于保管不善或存放时间过久,就会受潮生锈。在生锈初期,钢筋表面呈黄褐色,称水锈或色锈,这种水锈除在焊点附近必须清除外,一般可不处理;但是当钢筋锈蚀进一步发展,钢筋表面已形成一层锈皮,受锤击或碰撞可见其剥落,这种铁锈不能很好地和混凝土黏结,影响钢筋和混凝土的握裹力,并且在混凝土中继续发展,需要清除。

(二)钢筋除锈的方法

除锈工作应在调直后、弯曲前进行,并应尽量利用冷拉和调直工序进行除锈。钢筋除锈的方法有多种,常用的有人工除锈、机械除锈和酸洗法除锈。

1. 人工除锈

人工除锈的常用方法一般是用钢丝刷、砂盘、麻袋布等轻擦或将钢筋在砂堆上来回拉动除锈。砂盘除锈示意图见图 4-1。

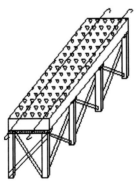

图 4-1 砂盘除锈示意图

2. 机械除锈

机械除锈有除锈机除锈和喷砂法除锈。

（1）除锈机除锈。

对直径较细的盘条钢筋，通过冷拉和调直过程自动去锈；粗钢筋采用圆盘钢丝刷除锈机除锈。

钢筋除锈机有固定式和移动式两种，一般由钢筋加工单位自制，是由动力带动圆盘钢丝刷高速旋转，来清刷钢筋上的铁锈。

固定式钢筋除锈机一般安装一个圆盘钢丝刷，见图4-2。为提高效率，也可将两台除锈机组合，见图4-3。

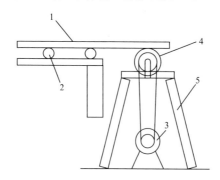

图 4-2　固定式钢筋除锈机原理图

1—钢筋；2—滚道；3—电动机；4—钢丝刷；5—机架

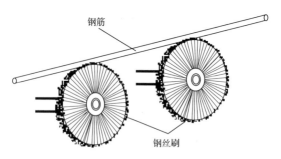

图 4-3　两台除锈机组合使用示意图

图 4-4 为固定式除锈机，又分为封闭式和敞开式两种类型。它主要由小功率电动机和圆盘钢丝刷组成。圆盘钢丝刷有厂家供应成品，也可自行用钢丝绳废头拆开取丝编制，直径为 25～35cm，厚度为 5～15cm。所用转速一般为 1000r/min。封闭式除锈机另加装一个封闭式的排尘罩和排尘管道。

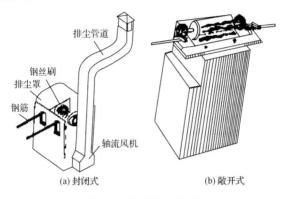

图 4-4　固定式钢筋除锈机

操作除锈机时应注意：

1）操作人员启动除锈机，将钢筋放平握紧，侧身送料，禁止在除锈机的正前方站人。钢筋与钢丝刷的松紧度要适当，过紧会使钢丝刷损坏，过松则影响除锈效果。

2）钢丝刷转动时不可在附近清扫锈屑。

3）严禁将已弯曲成型的钢筋在除锈机上除锈，弯度大的钢筋宜在基本调直后再进行除锈。在整根长的钢筋除锈时，一般应由两人进行操作。两人要紧密配合，互相呼应。

4）对于有起层锈片的钢筋，应先用小锤敲击，使锈片剥落干净，再除锈。如钢筋表面的麻坑、斑点以及锈皮已损伤钢筋的截面，则在使用前应鉴定是否降级使用或另作其他处理。

5）使用前应特别注意检查电气设备的绝缘及接地是否良好，确保操作安全。

6）应经常检查钢丝刷的固定螺丝有无松动，转动部分的润滑情况是否良好。

7）检查封闭式防尘罩装置及排尘设备是否处于良好和有效状态，并按规定清扫防护罩中的锈尘。

（2）喷砂法除锈。

喷砂法除锈主要是用空压机、储砂罐、喷砂管、喷头等设备，利用空压机产生的强大气流形成高压砂流除锈，适用于工作量大的除锈，除锈效果好。

3. 酸洗法除锈

当钢筋需要进行冷拔加工时，用酸洗法除锈。酸洗除锈是将盘圆钢筋放入硫酸或盐酸溶液中，经化学反应去除铁锈；但在酸洗除锈前，通常先进行机械除锈，这样程序可以缩短50％酸洗时间，节约80％以上的酸液。酸洗除锈流程和技术参数见表4-1。

表 4-1 酸洗除锈流程和技术参数

工序名称	时间/min	设备及技术参数
机械除锈	5	倒盘机，$\phi 6$ 台班产量 5～6t
酸洗	20	1. 硫酸液浓度：循环酸洗法 15％左右； 2. 酸洗温度：50～70℃用蒸汽加热
清洗	30	压力水冲洗 3～5min；清水淋洗 20～25min
沾石灰肥皂浆	5	1. 石灰肥皂浆配制：石灰水 100kg，动物油 15～20kg；肥皂粉 3～4kg，水 350～400kg； 2. 石灰肥皂浆温度，用蒸汽加热
干燥	120～240	阳光自然干燥

二、钢筋平直

弯曲不直的钢筋在混凝土中不能与混凝土共同工作而导致混凝土出现裂缝，以至于产生不应有的破坏。如果用未经调直的钢筋来断料，断料钢筋的长度不可能准确，从而会影响到钢筋成型，绑扎安装等一系列工序的准确性。因此钢筋调直是钢筋加工中不可缺少的工序。

（一）手工平直

1. 钢丝的人工调直

冷拔低碳钢丝经冷拔加工后塑性下降，硬度增高，用一般人工平直方法调直较困难，因此一般采用机械调直的方法。但在工程量小、缺乏设备的情况下，可以采用蛇形管或夹轮牵引调直。

蛇形管是用长 40~50cm、外径 2cm 的厚壁钢管（或用外径 2.5cm 钢管内衬弹簧圈）弯曲成蛇形，钢管内径稍大于钢丝直径，蛇形管四周钻小孔，钢丝拉拔时可使锈粉从小孔中排出。管两端连接喇叭形进出口，将蛇形管固定在支架上，需要调直的钢丝穿过蛇形管，用人力向前牵引，即可将钢丝基本调直，局部弯曲处可用小锤加以平直，如图 4-5 所示。

冷拔低碳钢丝还可通过夹轮牵引调直，如图 4-6 所示。

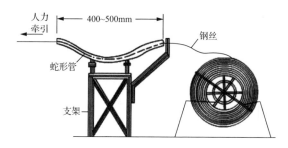

图 4-5　蛇形管调直架

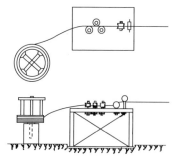

图 4-6　夹轮牵引调直架

2. 盘圆钢筋人工调直

直径 10mm 以下的盘圆钢筋可用绞磨拉直,见图 4-7,先将盘圆钢筋搁在放圈架上,人工将钢筋拉到一定长度切断,分别将钢筋两端夹在地锚和绞磨的夹具上,推动绞磨,即可将钢筋拉直。

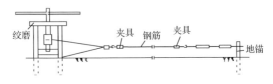

图 4-7　绞磨拉直钢筋装置

3. 粗钢筋人工调直

直径 10mm 以上的粗钢筋是直条状,在运输和堆放过程中易造成弯曲,其调直方法是:根据具体弯曲情况将钢筋弯曲部位置于工作台的扳柱间,就势利用手工扳子将钢筋弯曲基本矫直,见图 4-8。也可手持直段钢筋处作为力臂,直接将钢筋弯曲处放在扳柱间扳直,然后将基本矫直的钢筋放在铁砧上,用大锤敲直,见图 4-9。

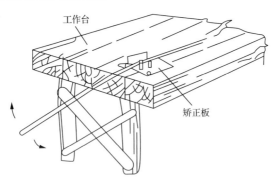

图 4-8　人工矫直粗钢筋

(二)机械平直

机械平直是通过钢筋调直机(一般也有切断钢筋的功

能,因此通称钢筋调直切断机)实现的,这类设备适用于处理冷拔低碳钢丝和直径不大于是 14mm 的细钢筋,都有定型产品。

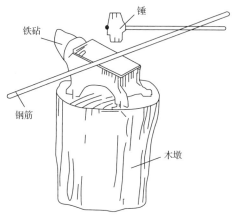

图 4-9　人工敲直粗钢筋

粗钢筋也可以应用机械平直。由于没有定型设备,故对于工作量很大的单位,可自制平直机械,一般制成机械锤型式,用平直锤锤压弯折部位。粗钢筋也可以利用卷扬机结合冷拔工序进行平直。根据规范规定"弯折钢筋不得调直后作为受力钢筋使用",因此粗钢筋应注意在运输、加工、安装过程中的保护,弯折后经调直的粗钢筋只能作为非受力钢筋使用。

细钢筋用的钢筋调直机有多种型号,按所能调直切断的钢筋直径区分,常用的有三种:GT1.6/4、GT3/8、GT6/12。另有一种可调直直径更大的钢筋,型号为 GT10/16(型号标志中斜线两侧数字表示所能调直切断的钢筋直径大小上下限。一般称直径不大于 4mm 的钢筋为"细钢筋")。

1. 调直机技术性能

调直机的主要技术性能见表 4-2。

表 4-2 调直机的主要技术性能

性能		型号		
名称	单位	GT1.6/4	GT3/8	GT6/12
调直切断钢筋直径	mm	1.6～4	3～8	6～12
钢筋抗拉强度	N/mm²	650	650	650
切断长度	mm	300～3000	300～6500	300～6500
牵引速度	m/min	40	40、65	36、54、72
调直筒转速	r/min	2900	2900	2800
电动机功率	调直 kW	3	7.5	7.5
	牵引 kW	1.5		4
	切断 kW		0.75	1.1
外形尺寸	长 mm	3410	1854	1770
	宽 mm	730	741	535
	高 mm	1375	1400	1457
整机重量	kg	1000	1280	1263

2. 钢筋调直的操作要点

(1)检查。每天工作前要先检查电气系统及其元件有无毛病,各种连接零件是否牢固可靠,各传动部分是否灵活,确认正常后方可进行试运转。

(2)试运转。首先从空载开始,确认运转可靠之后才可以进料、试验调直和切断。首先要将盘条的端头锤打平直,然后再将它从导向套推进机器内。

(3)试断筋。为保证断料长度合适,应机器开动后试断三四根钢筋检查,以便出现偏差能得到提前的及时纠正(调整限位开关或定尺板)。

(4)安全要求。盘圆钢筋放入放圈架上要平稳,如有乱丝或钢筋脱架时,必须停车处理。操作人员不能离机械过远,以防止发生故障,不能立即停车造成事故。

(5)安装承料架。承料架槽中心线应对准导向套、调直筒和剪切孔槽中心线,并保持平直。

(6)安装切刀。安装滑动刀台上的固定切刀,保证其位置正确。

(7)安装导向管。在导向套前部,安装 1 根长度约为 1m

的导向钢管,需调直的钢筋应先穿入该钢管,然后穿过导向套和调直筒,以防止每盘钢筋接近调直完毕时其端头弹出伤人。

第二节 钢筋的切断

经验之谈

钢筋接头的切割方式应遵守的规定

★绑扎接头、帮条焊、单面(或双面)搭接焊的接头宜采用机械切割,当加工量小或不具备机械切割条件时,经论证后可选用其他方式切割。

★接触电渣焊接头,应采用砂轮锯或气焊切割。

★冷挤压连接和螺纹连接的机械连接钢筋端头宜采用砂轮锯或钢锯片切割。切割后钢筋端头有毛边、弯折或纵肋尺寸过大者,用砂轮机修磨。冷挤压接头不应打磨钢筋横肋。

★熔槽焊、窄间隙焊和气压焊连接的钢筋端头宜采用砂轮锯切割,能够保证钢筋端头切面与轴线垂直和端头断面尺寸时也可选用其他方式。

★其他新型接头的切割按工艺要求进行。

钢筋经调直后,即可按下料长度进行切断。钢筋切断前,应有计划,根据工地的材料情况确定下料方案,确保钢筋的品种、规格、尺寸、外形符合设计要求。切断时,精打细算,长料长用,短料短用,使下脚料的长度最短。切剩的短料可作为电焊接头的绑条或其他辅助短钢筋使用,力求减少钢筋的损耗。

钢筋接头的切割方式应遵守下列规定:

(1)绑扎接头、帮条焊、单面(或双面)搭接焊的接头宜采用机械切割,当加工量小或不具备机械切割条件时,经论证后可选用其他方式切割。

(2)接触电渣焊接头,应采用砂轮锯或气焊切割。

（3）冷挤压连接和螺纹连接的机械连接钢筋端头宜采用砂轮锯或钢锯片切割。切割后钢筋端头有毛边、弯折或纵肋尺寸过大者，用砂轮机修磨。冷挤压接头不应打磨钢筋横肋。

（4）熔槽焊、窄间隙焊和气压焊连接的钢筋端头宜采用砂轮锯切割，能够保证钢筋端头切面与轴线垂直和端头断面尺寸时也可选用其他方式。

（5）其他新型接头的切割按工艺要求进行。

一、手工切断

（1）断线钳。断线钳是定型产品，见图 4-10，按其外形长度可分为 450mm、600mm、750mm、900mm、1050mm 五种，最常用的是 600mm。断线钳用于切断 5mm 以下的钢丝。

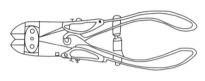

图 4-10　断线钳

（2）手动液压钢筋切断机。手动液压钢筋切断机构造如图 4-11 所示。它由滑轨、刀片、压杆、柱塞、活塞、储油筒、回位弹簧及缸体等组成，能切断直径为 16mm 以下的钢筋、直径 25mm 以下的钢绞线。这种机具具有体积小、重量轻、操作简单、便于携带的特点。

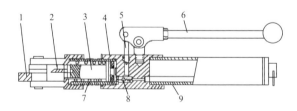

图 4-11　GJ5Y-16 型手动液压切断机

1—滑轨；2—刀片；3—活塞；4—缸体；5—柱塞；6—压杆；

7—回位弹簧；8—吸油阀；9—储油筒

手动液压钢筋切断机操作时把放油阀按顺时针方向旋紧,揿动压杆 6 使柱塞 5 提升,吸油阀被打开,工作油进入油室;提升压杆,工作油便被压缩进入缸体内腔,压力油推动活塞 3 前进,安装在活塞 3 前部的刀片 2 即可断料。切断完毕后立即按逆时针方向旋开放油阀,在回位弹簧的作用下,压力油又流回油室,刀头自动缩回缸内。如此重复动作,进行切断钢筋操作。

　　(3) 手压切断器。手压切断器用于切断直径 16mm 以下的 HPB300 级钢筋,见图 4-12。手压切断器由固定刀片、活动刀片、底座、手柄等组成,固定刀片连接在底座上,活动刀片通过几个轴(或齿轮)以杠杆原理加力来切断钢筋,当钢筋直径较大时可适当加长手柄。

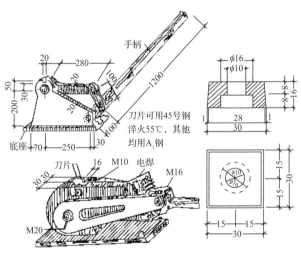

图 4-12　手压切断器

　　(4) 克子切断器。克子切断器用于钢筋加工量少或缺乏切断设备的场合。使用时将下克插在铁砧的孔里,把钢筋放在下克槽里,上克边紧贴下克边,用大锤敲击上克使钢筋切断,见图 4-13。

　　手工切断工具如没有固定基础,在操作过程中可能发生

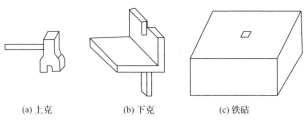

| (a) 上克 | (b) 下克 | (c) 铁砧 |

图 4-13　克子切断器

移动,因此在采用卡板作为控制切断尺寸的标志。而大量切断钢筋时,就必须经常复核断料尺寸是否准确,特别是一种规格的钢筋切断量很大时,更应在操作过程中经常检查,避免刀口和卡板间距离发生移动,引起断料尺寸错误。

二、机械切断

(一) 钢筋切断机

钢筋切断机是用来把钢筋原材料或已调直的钢筋切断,其主要类型有机械式、液压式和手持式钢筋切断机。机械式钢筋切断机有偏心轴立式、凸轮式和曲柄连杆式等型式。见图 4-14、图 4-15。

偏心轴立式钢筋切断机由电动机、齿轮传动系统、偏心轴、压料系统、切断刀及机体部件等组成。一般用于钢筋加工生产线上。由一台功率为 3kW 的电动机通过一对皮带轮驱动飞带轴,再经三级齿轮减速后,通过转键离合器驱动偏心轴,实现动刀片往复运动与定刀片配合切断钢筋。

曲柄连杆式钢筋切断机又分开式、半开式及封闭式三种,它主要由电动机、曲柄连杆机构、偏心轴、传动齿轮、减速齿轮及切断刀等组成。曲柄连杆式钢筋切断机由电动机驱动三角皮带轮,通过减速齿轮系统带动偏心轴旋转。偏心轴上的连杆带动滑块和活动刀片在机座的滑道中做往复运动,配合机座上的固定刀片切断钢筋。

常用钢筋切断机的主要技术性能见表 4-3。

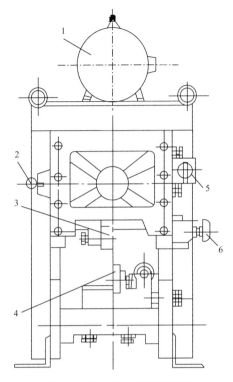

图 4-14　偏心轴立式钢筋切断机

1—电动机；2—离合器操纵杆；3—动刀片；4—定刀片；5—电气开关；6—压料机构

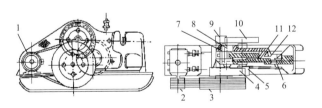

图 4-15　曲柄连杆开式钢筋切断机

1—电动机；2、3—三角皮带轮；4、5、9、10—减速齿轮；6—固定刀片；7—连杆；

8—偏心轴；11—滑块；12—活动刀片

表 4-3　　　　　常用钢筋切断机的主要技术性能

性能		型号		
名称	单位	GQ40	GQ40A	GQ40L
可切断钢筋直径	mm	6~40	6~40	6~40
切断次数	次/min	40	40	38
电动机功率	kW	3	3	3
外形尺寸	长	mm	1150	1395	685
	宽	mm	430	556	575
	高	mm	750	780	984
整机重量	kg	600	720	650

GQ40 钢筋切断机每次切断钢筋根数见表 4-4。

表 4-4　　　　　钢筋切断机每次切断钢筋根数

钢筋直径/mm	5.5~8	9~12	13~16	18~20	20 以上
可切断根数	12~8	6~4	3	2	1

（二）切断机开机前的准备工作

（1）汇总当班所要切断的钢筋料牌，将同规格（同级别、同直径）的钢筋分别统计，按不同长度进行长短搭配，一般情况下先断长料，后断短料，以尽量减少短头，减少损耗。

（2）检查测量长度所用工具或标志的准确性，在工作台上有量尺刻度线的，应事先检查定尺卡板（见图 4-16）的牢固和可靠性。在断料时应避免用短尺量长料，防止在量料中产生累计误差。

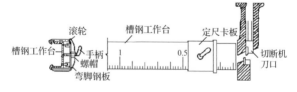

图 4-16　切断机工作台和定尺卡板

（3）对根数较多的批量切断任务，在正式操作前应试切 2~3 根，以检验长度的准确。

第三节　钢筋弯曲成型

弯曲成型是将已切断、配好的钢筋按照施工图纸的要求加工成规定的形状尺寸。钢筋弯曲成型的顺序是：准备工作→画线→样件→弯曲成型。弯曲分为人工弯曲和机械弯曲两种。

一、准备工作

钢筋弯曲成型成什么样的形状、要求各部分的尺寸是多少，主要依据钢筋配料单，这是最基本的操作依据。

1. 配料单的制备

配料单是钢筋加工的凭证，也是钢筋成型质量的保证，配料单内包括钢筋规格、式样、根数以及下料长度等内容，主要按施工图上的钢筋材料表抄写，但是应特别注意：下料长度一栏必须由配料人员算好填写，不能照抄材料表上的长度。

2. 料牌

用木板或纤维板制成，将每一编号钢筋的有关资料（工程名称、图号、钢筋编号、根数、规格、式样以及下料长度）写注于料牌的两面，以便随着工艺流程一道工序一道工序地传送，最后将加工好的钢筋系上料牌。

二、画线

在弯曲成型之前，除应熟悉待加工钢筋的规格、形状和各部尺寸，确定弯曲操作步骤及准备工具等之外，还需将钢筋的各段长度尺寸画在钢筋上。

精确画线的方法是，大批量加工时，应根据钢筋的弯曲类型、弯曲角度、弯曲半径、扳距等因素，分别计算各段尺寸，再根据各段尺寸分段画线。这种画线方法比较繁琐。现场小批量的钢筋加工，常采用简便的画线方法，即在画钢筋的分段尺寸时，将不同角度的弯折量度差在弯曲操作方向相反的一侧长度内扣除，画上分段尺寸线，这条线称为弯曲点线。根据弯曲点线并按规定方向弯曲形成的成型钢筋，基本与设计图要求的尺寸相符。

如某工程有一根直径 20mm 的弯起钢筋,其所需的形状和尺寸如图 4-17 所示。画线方法如下:

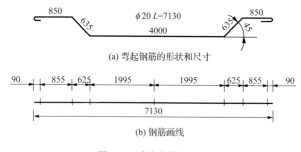

(a) 弯起钢筋的形状和尺寸

(b) 钢筋画线

图 4-17　弯起钢筋的画线

第一步在钢筋中心线上画第一道线;

第二步取中段 $4000/2-0.5d/2=1995(mm)$,画第二道线;

第三步取斜段 $635-2×0.5d/2=625(mm)$,画第三道线;

第四步取直段 $850-0.5d/2+0.5d=855(mm)$,画第四道线。

以上各线段即钢筋的弯曲点线,弯制钢筋时即按这些线段进行弯制。弯曲角度须在工作台上放出大样。

弯制形状比较简单或同一形状根数较多的钢筋,可以不画线,而在工作台上按各段尺寸要求,固定若干标志,按标准操作。此法工效较高。

弯曲钢筋画线后,即可试弯 1 根,以检查画线的结果是否符合设计要求。如不符合,应对弯曲顺序、画线、弯曲标志、扳距等进行调整,待调整合格后方可成批弯制。

三、弯曲成型

(一)手工弯曲成型

1. 加工工具及装置

(1)工作台。钢筋弯曲应在工作台上进行。工作台的宽度通常为 800mm。长度视钢筋种类而定,弯细钢筋时一般为4000mm,弯粗钢筋时可为 8000mm。台高一般为 900～1000mm。工作台要求稳固牢靠,避免在工作时发生晃动。

（2）手摇扳。手摇扳是弯曲盘圆钢筋的主要工具，见图4-18。手摇扳甲是用来弯制12mm以下的单根钢筋；手摇扳乙可弯制8mm以下的多根钢筋，一次可弯制4～8根，主要适宜弯制箍筋。

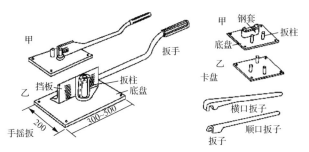

图4-18　手工弯曲钢筋的工具

手摇扳为自制，它由一块钢板底盘和扳柱、扳手组成。扳手长度30～50cm，可根据弯制钢筋直径适当调节，扳手用14～18mm钢筋制成；扳柱直径为16～18mm；钢板底盘厚4～6mm。操作时将底盘固定在工作台上，底盘面与台面相平。

如果使用钢制工作台，挡板、扳柱可直接固定在台面上。

1）卡盘。卡盘是弯粗钢筋的主要工具之一，它由一块钢板底盘和扳柱组成。底盘约厚12mm，固定在工作台上；扳柱直径应根据所弯制钢筋来选择，一般为20～25mm。

卡盘有两种型式：一种是在一块钢板上焊四个扳柱（图4-18中卡盘甲），水平方向净距为100mm，垂直方向净距为34mm，可弯制32mm以下的钢筋，但在弯制28mm以下的钢筋时，在后面两个扳柱上要加不同厚度的钢套；另一种是在一块钢板上焊三个扳柱（图4-19中卡盘乙），扳柱的两条斜边净距为100mm，底边净距为80mm，这种卡盘不需配备不同厚度的钢套。

2）钢筋扳子。钢筋扳子有横口扳子和顺口扳子两种，它主要和卡盘配合使用。横口扳子又有平头和弯头两种，弯头横口扳子仅在绑扎钢筋时纠正某些钢筋形状或位置时使用，常用的是平头横口扳子。当弯制直径较粗钢筋时，可在扳子柄上接上钢管，加长力臂省力。

钢筋扳子的扳口尺寸比弯制的钢筋直径大 2mm 较为合适。弯曲钢筋时，应配有各种规格的扳子。

手摇扳尺寸见表 4-5。卡盘和横口扳手主要尺寸见表 4-6。

表 4-5 　　　　　　　　**手 摇 扳 尺 寸** 　　　　（单位：mm）

钢筋直径	a	b	c	D
6	500	8	16	16
8~10	500	22	18	20

表 4-6 　　　　　　**卡盘和横口扳手主要尺寸** 　　（单位：mm）

钢筋直径	卡盘			横口扳手			
	a	b	c	d	e	h	l
12~16	50	80	20	22	18	40	1200
18~22	65	90	25	28	24	50	1350
25~32	80	100	30	38	34	76	2100

2. 手工弯制作业

(1) 准备工作。熟悉要进行弯曲加工钢筋的规格、形状和各部分尺寸，确定弯曲操作的步骤和工具。确定弯曲顺序，避免在弯曲时将钢筋反复调转，影响工效。

(2) 试弯。在成批钢筋弯曲操作之前，各种类型的弯曲钢筋都要试弯一根，然后检查其弯曲形状、尺寸是否和设计要求相符；并校对钢筋的弯曲顺序、画线、所定的弯曲标志、扳距等是否合适。经过调整后，再进行批量生产。

(3) 弯曲成型。在钢筋开始弯曲前，应注意扳距和弯曲点线、扳柱之间的关系。为了保证钢筋弯曲形状正确，使钢筋弯曲圆弧有一定曲率，且在操作时扳子端部不碰到扳柱，扳子和扳柱间必须有一定的距离，这段距离称扳距，见图 4-19。

扳距的大小是根据钢筋的弯制角度和直径来变化的,扳距可参考表4-7。

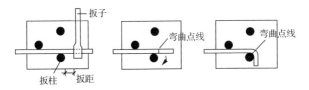

图 4-19　扳距、弯曲点线和扳柱的关系

表 4-7　　　　　**弯曲角度与扳距关系表**

弯曲角度	45°	90°	135°	180°
扳距	$(1.5\sim2)d$	$(2.5\sim3)d$	$(3\sim3.5)d$	$(3.5\sim4)d$

进行弯曲钢筋操作时,钢筋弯曲点线在扳柱钢板上的位置,要配合画线的操作方向,使弯曲点线与扳柱外边缘相平。

不同钢筋的弯曲步骤分述如下:

1) 箍筋的弯曲成型。箍筋弯曲成型步骤分为五步,见图4-20所示。在操作前,首先要在手摇扳的左侧工作台上标出钢筋 1/2 长、箍筋长边内侧长和短边内侧长(也可以标长边外侧长和短边外侧长)三个标志。然后按①在钢筋 1/2 长处

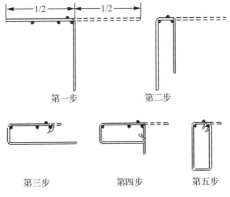

第一步　　　　　　　第二步

第三步　　　　第四步　　　第五步

图 4-20　箍筋弯曲成型步骤

弯折 90°；②弯折短边 90°；③弯长边 135°弯钩；④弯短边 90°弯折；⑤弯短边 135°弯钩。

因为第③、⑤步的弯钩角度大，所以要比②、④步操作时靠标志略松些，预留一些长度，以免箍筋不方正。

2）弯起钢筋的弯曲成型。弯起钢筋的弯曲成型见图 4-21。一般弯起钢筋长度较大，故通常在工作台两端设置卡盘，分别在工作台两端同时完成成型工序。

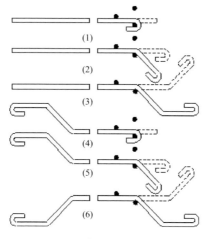

图 4-21　弯起钢筋成型步骤

当钢筋的弯曲形状比较复杂时，可预先放出实样，再用扒钉钉在工作台上，以控制各个弯转角，见图 4-22。首先在钢筋中段弯曲处钉两个扒钉，弯第一对 45°弯；第二步在钢筋上段弯曲处钉两个扒钉，弯第二对 45°弯；第三步在钢筋弯钩处钉两个扒钉，弯两对弯钩；最后起出扒钉。这种成型方法，形状较准确，表面平整。

各种不同钢筋弯折时，常将端部弯钩作为最后一个弯折程序，这样可以将配料弯折过程中的误差留在弯钩内，不致影响钢筋的整体质量。

3）手工弯曲操作要点：①弯制钢筋时，扳子一定要托平，不能上下摆，以免弯出的钢筋产生翘曲。②操作电动机注意放正弯曲点,搭好扳手,注意扳距,以保证弯制后的钢筋形状、尺寸准确。起弯时用力要慢,防止扳手脱落。结束时要平稳,掌握好弯曲位置,防止弯过头或弯不到位。③不允许在高空或脚手架上弯制粗钢筋,避免因弯制钢筋脱扳而造成坠落事故。④在弯曲配筋密集的构件钢筋时,要严格控制钢筋各段尺寸及起弯角度,每种编号钢筋应试弯一个,安装合适后再成批生产。

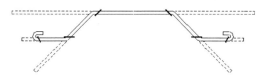

图 4-22　钢筋扒钉成型

（二）机械弯曲

1. 钢筋弯曲机

钢筋弯曲机有机械钢筋弯曲机、液压钢筋弯曲机和钢筋弯箍机等几种型式。机械式钢筋弯曲机按工作原理分为齿轮式及蜗轮蜗杆式钢筋弯曲机两种。蜗轮蜗杆式钢筋弯曲机由电动机、工作盘、插入座、蜗轮、蜗杆、皮带轮、齿轮及滚轴等组成。也可在底部装设行走轮,便于移动。其构造见图 4-23,外形见图 4-24、图 4-25。弯曲钢筋在工作盘上进行,工作盘的底面与蜗轮轴连在一起,盘面上有 9 个轴孔,中心的一个孔插中心轴,周围的 8 个孔插成型轴或轴套。工作盘外的插入孔上插有挡铁轴。它由电动机带动三角皮带轮旋转,皮带轮通过齿轮传动蜗轮蜗杆,再带动工作盘旋转。当工作盘旋转时,中心轴和成型轴都在转动,由于中心轴在圆心上,圆盘虽在转动,但中心轴位置并没有移动;而成型轴却围绕着中心轴作圆弧转动。如果钢筋一端被挡铁轴阻止自由活动,那么钢筋就被成型轴绕着中心轴进行弯曲。通过调整成型轴的位置,可将钢筋弯曲成所需要的形状（见图 4-26）。改变中心轴的直径（16mm、20mm、25mm、35mm、45mm、60mm、75mm、85mm、100mm）,可保证不同直径的钢筋所需的不同的弯曲半径。

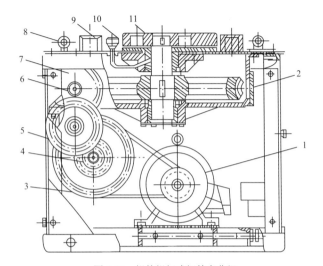

图 4-23　蜗轮蜗杆式钢筋弯曲机

1—电动机；2—蜗轮；3—皮带轮；4、5、7—齿轮；6—蜗杆；8—滚轴；
9—插入座；10—油杯；11—工作盘

图 4-24　钢筋弯曲机外形图一

图 4-25　钢筋弯曲机外形图二

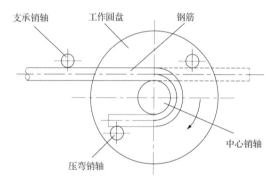

图 4-26　钢筋弯曲机工作原理图

齿轮式钢筋弯曲机主要由电动机、齿轮减速箱、皮带轮、工作盘、滚轴、夹持器、转轴及控制配电箱等组成,其构造如图 4-27 所示。齿轮式钢筋弯曲机由电动机通过三角皮带轮或直接驱动圆柱齿轮减速,带动工作盘旋转。工作盘左、右两个插入座可通过调节手轮进行无级调节,并与不同直径的成型轴及挡料轴配合,把钢筋弯曲成各种不同规格。当钢筋被弯曲到预先确定的角度时,限位销触到行程开关,电动机自动停机、反转、回位。

常用的钢筋弯曲机可弯曲钢筋最大公称直径为 40mm,

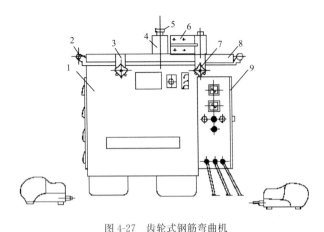

图 4-27　齿轮式钢筋弯曲机

1—机架;2—滚轴;3、7—调节手轮;4—转轴;5—紧固手柄;6—夹持器;
8—工作台;9—控制配电箱

用 GW40 表示型号;其他还有 GW12、GW20、GW25、GW32、
GW50、GW65 等,型号的数字标志可弯曲钢筋的最大公称直
径。表 4-8 列出几种常用钢筋弯曲机的主要技术性能。弯曲
机的操作过程见图 4-28。

表 4-8　　　　　常用钢筋弯曲机的主要技术性能

性能		型号		
名称	单位	GW40	GW40A	GW50
可弯曲钢筋直径	mm	6～40	6～40	25～50
弯曲速度	r/min	5	9	2.5
电动机功率	kW	350	350	320
外形尺寸	长	mm	870	1050	1450
	宽	mm	760	760	800
	高	mm	710	828	760
整机重量	kg	400	450	580

2. 操作钢筋弯曲机注意事项

(1) 钢筋弯曲机要安装在坚实的地面上,放置要平稳,铁

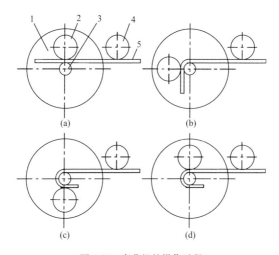

图 4-28　弯曲机的操作过程

1—工作盘；2—成型轴；3—心轴；4—挡铁轴；5—钢筋

轮前后要用三角对称楔紧，设备周围要有足够的场地。非操作者不要进入工作区域，以免扳动钢筋时被碰伤。

（2）操作前要对机械各部件进行全面检查以及试运转，并检查齿轮、轴套等备件是否齐全。

（3）要熟悉倒顺开关的使用方法以及所控制的工作盘的旋转方向，钢筋放置要和成型轴、工作盘旋转方向相配合，不要放反。

变换工作盘旋转方向时，要按正转—停—倒转操作，不要直接按正—倒转或倒—正转操作。

（4）钢筋弯曲时，其圆弧直径是由中心轴直径决定的，因此要根据钢筋粗细和所要求的圆弧弯曲直径大小随时更换中心轴或轴套。

（5）严禁在机械运转过程中更换中心轴、成型轴、挡铁轴，或进行清扫、加油。如果需要更换，必须切断电源，当机器停止转动后才能更换。

（6）弯曲钢筋时，应使钢筋挡架上的挡板贴紧钢筋，以保证弯曲质量。

（7）弯曲较长的钢筋时，要有专人扶持钢筋。扶持人员应按操作人员的指挥进行工作，不能任意推拉。

（8）在运转过程中如发现卡盘、颤动、电动机温升超过规定值，均应停机检修。

（9）不直的钢筋，禁止在弯曲机上弯曲。

四、成品管理

对钢筋加工工序而言，弯曲成型后的钢筋就算是"成品"。

（一）成品质量要求

弯曲成型后的钢筋质量必须通过加工操作人员自检；进入成品仓库的钢筋要由专职质量检查人员复检合格。

钢筋加工的质量按照《混凝土结构工程施工质量验收规范》（GB 50204—2015）的规定，应符合下列要求：

（1）受力钢筋的弯钩和弯折应符合下列规定：

1）HPB300 级钢筋末端应做 180°弯钩，其弯弧内直径不应小于钢筋直径的 2.5 倍，弯钩的弯后平直部分长度不应小于钢筋直径的 3 倍。

2）当设计要求钢筋末端需做 135°弯钩时，HRB400 级钢筋的弯弧内直径不应小于钢筋直径的 4 倍，弯钩后平直部分长度应符合设计要求。

3）钢筋作不大于 90°弯折时弯折处的弯弧内直径不应小于钢筋直径的 5 倍。

（2）除焊接封闭式箍筋外，箍筋的末端应做弯钩，且应符合设计要求；设计无要求时：

1）箍筋弯钩的弯弧内直径除应满足上述规定外，尚应不小于受力钢筋直径。

2）箍筋弯钩的弯折角度：对一般结构，不应小于 90°；对有抗震要求的结构，不应小于 135°。

3）箍筋弯后平直部分长度：对一般结构，不宜小于箍筋直径的 5 倍；对有抗震要求的结构，不宜小于箍筋直径的 10 倍。钢筋加工的允许偏差应符合表 4-9 的规定。

表 4-9　　　　加工后钢筋的允许偏差　　（单位：mm）

项次	偏差名称		允许偏差值
1	受力钢筋全长净尺寸的偏差		±10
2	箍筋各部分长度的偏差		±5
3	钢筋弯起点位置的偏差	构件	±20
		大体积混凝土	±30
4	钢筋转角的偏差		±3°
5	圆弧钢筋径向偏差	薄壁结构	±10
		大体积混凝土	±25

（二）管理要点

（1）弯曲成型的钢筋必须轻抬轻放，避免产生变形；经过验收检查合格后，成品应按编号拴上料牌，并应特别注意缩尺钢筋的料牌勿遗漏。

（2）清点某一编号钢筋成品无误后，在指定的堆放地点位置，要按编号分隔整齐堆放，并标识所属工程部位名称。

（3）钢筋成品应堆放在库房里，库房应防雨防水，地面保持干燥，并做好支垫。

（4）与安装班组联系好，按工程名称、部位及钢筋编号，需用顺序堆放，防止先用的被压在下面，使用时因翻垛而造成的钢筋变形。

第四节　钢筋的冷加工

钢筋的冷加工工艺包括钢筋冷拉、冷拔、冷扎、冷扎扭，以提高钢筋强度设计值，达到节约钢筋的目的。

一、钢筋冷拉

（一）冷拉机械

常用的冷拉机械有阻力轮式、卷扬机式、丝杠式、液压式等钢筋冷拉机。

1. 阻力轮式钢筋冷拉机

阻力轮式冷拉机的构造如图 4-29 所示。它由支承架、阻力轮、电动机、变速箱、绞轮等组成。主要适用于冷拉直径为6～8mm 的盘圆钢筋,冷拉率为 6％～8％。若与两台调直机配合使用,可加工出所需长度的冷拉钢筋。阻力轮式冷拉机是利用一个变速箱,其出头轴装有绞轮,由电动机带动变速箱高速轴,使绞轮随着变速箱低速轴一同旋转,强力使钢筋通过 4 个(或 6 个)不在一条直线上的阻力轮,将钢筋拉长。绞轮直径一般为 550mm。阻力轮是固定在支承架上的滑轮,直径为 100mm,其中一个阻力轮的高度可以调节,以便改变阻力大小,控制冷拉率。

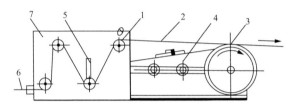

图 4-29　阻力轮式钢筋冷拉设备

1—阻力轮;2—钢筋;3—绞轮;4—变速箱;5—调节槽;6—钢筋;7—支承架

2. 卷扬机式钢筋冷拉机

卷扬机式钢筋冷拉工艺是目前普遍采用的冷拉工艺。它适应性强,可按要求调节冷拉率和冷拉控制应力;冷拉行程大,不受设备限制,可适应冷拉不同长度和直径的钢筋;设备简单、效率高、成本低。图 4-30 为卷扬机式钢筋冷拉机构造,它主要由卷扬机、滑轮组、地锚、导向滑轮、夹具和测力装置等组成。工作时,由于卷筒上传动钢丝绳是正、反穿绕在两副动滑轮组上,因此当卷扬机旋转时,夹持钢筋的一副动滑轮组被拉向卷扬机,使钢筋被拉伸;而另一副动滑轮组则被拉向导向滑轮,为下次冷拉时交替使用。钢筋所受的拉力经传力杆、活动横梁传送给测力装置,从而测出拉力的大小。对于拉伸长度,可通过标尺直接测量或用行程开关来控制。图 4-31 为用卷扬机冷拉钢筋的设备布置方案。

(二) 冷拉钢筋作业

(1) 钢筋冷拉前,应先检查钢筋冷拉设备的能力和冷拉

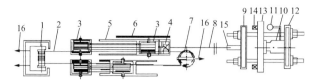

图 4-30　卷扬机式钢筋冷拉机

1—卷扬机;2—传动钢丝绳;3—滑轮组;4—夹具;5—轨道;6—标尺;
7—导向滑轮;8—钢筋;9—活动前横梁;10—千斤顶;11—油压表;12—活动
后横梁;13—固定横梁;14—台座;15—夹具;16—地锚

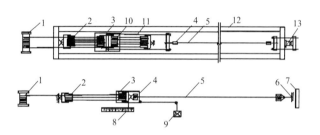

图 4-31　用卷扬机冷拉钢筋的设备布置方案

1—卷扬机;2—滑轮组;3—冷拉小车;4—夹具;5—被冷拉钢筋;6—地锚;
7—防护壁;8—标尺;9—回程荷重架;10—回程滑轮组;11—传力架;
12—冷拉槽;13—液压千斤顶

钢筋所需的吨位值是否相适应,不允许超载冷拉。特别是用旧设备拉粗钢筋时应特别注意。

(2)为确保冷拉钢筋的质量,钢筋冷拉前,应对测力器和各项冷拉数据进行校核,并做好记录。

(3)冷拉钢筋时,操作人员应站在冷拉线的侧向,操作人员应在统一指挥下进行作业。听到开车信号,看到操作人员离开危险区后,方能开车。

(4)在冷拉过程中,应随时注意限制信号,当看到停车信号或见到有人误入危险区时,应立即停车,并稍微放松钢丝绳。在作业过程中,严禁横向跨越钢丝绳或冷拉线。

(5)冷拉钢筋时,不论是拉紧或放松,均应缓慢和均匀地进行,绝不能时快时慢。

（6）冷拉钢筋时，如遇焊接接头被拉断，可重新焊接后再拉，但一般不得超过两次。

二、钢筋冷拔

将 $\phi 6 \sim \phi 8$ 的 HPB300 级钢筋通过钨合金拔丝模孔进行强力拉拔，使钢筋产生塑性变形，其轴向被拉伸、径向被压缩，内部晶格变形，因而抗拉强度提高 50%～90%，塑性降低，并呈硬钢特性，如图 4-32 所示。

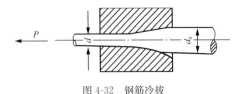

图 4-32　钢筋冷拔

第五章

钢 筋 连 接

特别提示

钢筋接头应遵守下列规定：

(1) 设计有专门要求时，应按设计要求进行，纵向受力钢筋接头位置宜设置在构件受力较小处并错开。钢筋接头应优先采用焊接接头或机械连接接头；轴心受拉构件、小偏心受拉构件和承受振动的构件的纵向受力钢筋接头不应采用绑扎接头；双面配置受力钢筋的焊接骨架不应采用绑扎接头；受拉钢筋直径大于28mm或受压钢筋直径大于32mm时，不宜采用绑扎接头。

(2) 工厂加工钢筋接头应采用闪光对焊。不能进行闪光对焊时，宜采用电弧焊(搭接焊、帮条焊、熔槽焊等)和机械连接(墩粗锥螺纹接头、微粗直螺纹接头、剥肋滚压直螺纹接头等)。

(3) 现场施工可采用绑扎搭接、手工电弧焊(搭接焊、帮条焊、熔槽焊、窄间隙焊)、气压焊和机械连接等。现场竖向或斜向(倾斜度在1：0.5的范围内)钢筋的焊接，宜采用接触电渣焊。

(4) 直径大于28mm的热轧钢筋接头，可采用熔槽焊、窄间隙焊或帮条焊连接。直径小于等于28mm的热轧钢筋接头，可采用手工电弧搭接焊和闪光对焊焊接(工厂加工)。

(5) 直径为20～40mm的钢筋接头宜采用接触电渣焊(竖向)和气压焊连接，但直径大于28mm时，应经试验论证后使用。可焊性差的钢筋接头不宜采用接触电渣焊和气压焊。

(6) 直径16～40mm的Ⅱ级、Ⅲ级钢筋接头，可采用机械连接。采用直螺纹连接时，相连两钢筋的螺纹旋入套筒的长度应相等。

(7) 钢筋的交叉连接，宜采用接触点焊，不宜采用手工电弧焊。

(8) 采用机械连接的钢筋接头的性能指标应达到Ⅰ级标准，经论证确认后，方可采用Ⅱ级、Ⅲ级接头。

1) Ⅰ级:接头的抗拉强度不小于被连接钢筋的实际拉断强度或不小于1.1倍抗拉强度标准值，残余变形小并具有高延性及反复拉压性能。

2) Ⅱ级:接头的抗拉强度不小于被连接钢筋的抗拉强度标准值，残余变形较小并具有高延性及反复拉压性能。

3) Ⅲ级:接头的抗拉强度不小于被连接钢筋屈服强度标准值的1.25倍，残余变形较小并具有一定的延性及反复拉压性能。

(9) 当施工条件受限制，或经专门论证后，钢筋连接型式可根据现场条件确定。

(10) 焊接钢筋前应将施焊范围内的浮锈、漆污、油渍等清除干净。

(11) 负温下焊接钢筋应有防风、防雪措施。手工电弧焊应选用优质焊条，接头焊毕后避免立即接触冰、雪。在$-15℃$以下施焊时，应采取专门保温防风措施。雨天进行露天焊接，应有可靠的防雨和安全措施。低于$-20℃$时不宜焊接。

(12) 焊接钢筋的工人应持证上岗。

第一节 钢 筋 焊 接

一、闪光对焊

闪光对焊广泛用于钢筋接长及预应力钢筋与螺丝端杆的焊接。热轧钢筋的焊接宜优先用闪光对焊，条件不具备时才用电弧焊。

钢筋闪光对焊(见图 5-1)是利用对焊机使两段钢筋接触,通过低电压的强电流,待钢筋被加热到一定温度变软后,进行轴向加压顶锻,形成对焊接头。钢筋闪光对焊焊接工艺应根据具体情况选择;钢筋直径较小,可采用连续闪光焊;钢筋直径较大,端面比较平整,宜采用预热闪光焊;端面不够平整,宜采用闪光—预热—闪光焊。

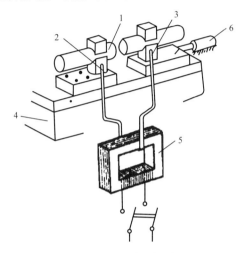

图 5-1　钢筋闪光对焊原理

1—焊接的钢筋;2—固定电极;3—可动电极;4—机座;5—变压器;
6—手动顶压机构

1. 闪光对焊施工要求

(1)不同直径的钢筋进行闪光对焊时,直径相差以一级为宜,且不大于 4mm;钢筋端头的弯曲应矫直或切除。

(2)在每班施焊前或变更钢筋的类别、直径时,按实际焊接条件试焊 2 个冷弯及 2 个抗拉试件试验验证焊接参数,并检验试件接头外观质量。试焊质量合格和焊接参数选定后,方可成批焊接。

(3)全部闪光对焊接头均应进行外观检查,可不做抗拉试验和冷弯试验。对焊接质量有怀疑或焊接过程中发现异常时,应随机抽样进行抗拉试验和冷弯试验。

（4）外观检查应满足下列要求：

1）钢筋表面没有裂纹和明显的烧伤。

2）接头如有弯折,其角度不大于 4°。

3）接头轴线如有偏心,其偏移不大于 0.1d,并不大于 2mm。

（5）外观检查不合格的接头,应剔出重焊。

（6）接头抗拉试验结果均大于该级钢筋的抗拉强度,且断裂在焊缝及热影响区以外为合格。

2. 闪光对焊工艺

闪光对焊工艺有连续闪光焊、预热闪光焊、闪光—预热—闪光焊、焊后热处理。

（1）连续闪光焊。这种焊接工艺过程是将待焊钢筋夹紧在电极钳口上后,闭合电源,使两钢筋端面轻微接触。由于钢筋端部不平,开始只有一点或数点接触,接触面小而电流密度和接触电阻很大。接触点很快熔化并产生金属蒸气飞溅,形成闪光现象。闪光一开始,即徐徐移动钢筋,形成连续闪光过程,同时接头也被加热。待接头烧平、闪去杂质和氧化膜、白热熔化时,随即施加轴向压力迅速进行顶锻,使两根钢筋焊牢。

连续闪光焊适用于钢筋直径较小、钢筋级别较低的条件,所能焊接的钢筋上限直径根据焊机容量、钢筋级别等具体情况而定,应符合表 5-1 的规定。

表 5-1　　　　　连续闪光焊钢筋上限直径

焊机容量/(kV·A)	钢筋级别	钢筋直径/mm
160	HPB300	25
	HRB400、RRB400	20
100	HPB300	20
	HRB400、RRB400	16
80	HPB300	16
	HRB400、RRB400	12

（2）预热闪光焊。在钢筋直径或级别超出表 5-1 的规定时，如果钢筋端面较平整，则宜采用预热闪光焊。预热闪光焊是在焊接前增加预热过程，反复多次预热将钢筋顶锻接长。

施焊时先闭合电源然后使两钢筋端面交替地接触和分开。这时钢筋端面间隙中即发出断续的闪光，形成预热过程。当钢筋达到预热温度后进入闪光阶段，随后顶锻而成。

（3）闪光—预热—闪光焊。此法适用于钢筋直径较大且端面不够平整的情况，以及 HRB500、RRB500 钢筋的焊接。

在预热闪光焊前加一次闪光过程，目的是使不平整的钢筋端面烧化平整。使预热均匀，然后按预热闪光焊操作。

焊接大直径的钢筋（直径 25mm 以上），多用预热闪光焊与闪光—预热—闪光焊。

采用连续闪光焊时，应合理选择调伸长度、烧化留量、顶锻留量以及变压器级数等；采用闪光—预热—闪光焊时，除上述参数外，还应包括一次烧化留量、二次烧化留量、预热留量和预热时间等参数。焊接不同直径的钢筋时，其截面比不宜超过 1.5。焊接参数按大直径的钢筋选择。负温下焊接时，由于冷却快，易产生冷脆现象，内应力也大。为此。负温下焊接应减小温度梯度和冷却速度。

钢筋闪光对焊后，除对接头进行外观检查（无裂纹和烧伤、接头弯折不大于 4°，接头轴线偏移不大于 1/10 的钢筋直径，也不大于 2mm）外，还应按《钢筋焊接及验收规程》（JGJ18—2012）的规定进行抗拉强度和冷弯试验。

（4）焊后热处理。对于 HRB500、RRB500 钢筋，应用预热闪光焊或闪光—预热—闪光焊工艺进行焊接。当接头拉伸试验结果发生脆性断裂，或弯曲试验不能达到规定要求时，尚应在焊机上进行焊后热处理，热处理工艺方法如下：

1）待接头冷却至常温，将电极钳口调至最大间距，重新夹紧。

2）采用最低的变压器级数，进行脉冲式通电加热；每次脉冲循环包括通电时间和间歇时间宜为 3s。

3）焊后热处理温度应在 750~850℃（橘红色）范围内选择，随后在环境温度下自然冷却。

3. 闪光对焊机

常用闪光对焊机技术数据见表 5-2。

表 5-2　　　　常用闪光对焊机技术数据

项目		单位	型号				
			UN1-50	UN1-75	UN1-100	UN2-150	UN17-150-1
额定容量		kV·A	50	75	100	150	150
负载持续率		%	25	20	20	20	50
初级电压		V	220/380	220/380	380	380	380
次级电压调节范围		V	2.9~5.0	3.25~7.04	4.5~7.6	4.05~8.10	3.8~7.6
次级电压调节级数		级	6	8	8	16	16
夹具夹紧力		kN	20	20	40	100	160
最大顶锻力		kN	30	30	40	65	80
夹具间最大距离		mm	80	80	80	100	90
动夹具间最大行程		mm	30	30	50	27	30
连续闪光焊时钢筋最大直径		mm	10~12	12~16	16~20	20~25	20~25
预热闪光焊时钢筋最大直径		mm	20~22	32~26	40	40	40
最多焊接件数		件/h	50	75	20~30	80	120
冷却水消耗量		L/h	200	200	200	200	200
外形尺寸	长	mm	1520	1520	1800	2140	2300
	宽	mm	550	550	550	1360	1100
	高	mm	1080	1080	1150	1380	1380
重量		kg	360	445	465	2500	1900

4. 闪光对焊的操作要点

（1）操作参数根据钢筋级别和钢筋直径以及焊机的性能各异。

（2）被焊钢筋要求平直、经过除锈，安装钢筋于焊机上要放正、夹紧钢筋时,应使两钢筋端面的凸出部分相接触;烧化过程应该稳定、强烈,防止焊缝金属氧化;顶集锻应在足够大的压力下完成,以保证焊口闭合良好和使接头处产生足够的墩粗变形。

闪光对焊常见质量通病如表 5-3 所示。

表 5-3　　闪光对焊异常现象、焊接缺陷及消除措施

异常现象和焊接缺陷	措施
烧化过分剧烈并产生强烈的爆炸声	1. 降低变压器级数; 2. 减慢烧化速度
闪光不稳定	1. 消除电极底部和表面的氧化物; 2. 提高变压器级数; 3. 加快烧化速度
接头中有氧化膜、未焊透或夹渣	1. 增大预热程度; 2. 加快临近顶锻时的烧化程度; 3. 确保带电顶锻过程; 4. 加快顶锻速度; 5. 增大顶锻压力
接头中有缩孔	1. 降低变压器级数; 2. 避免烧化过程过分剧烈; 3. 适当增大顶锻留量及顶锻压力
焊缝金属过烧	1. 减小变压器级数; 2. 加快烧化速度,缩短焊接时间; 3. 避免过多带电顶锻
接头区域裂纹	1. 检验钢筋的碳、硫、磷含量;若不符合规定时应更换钢筋; 2. 采取低频预热方法,增大预热程度
钢筋表面微熔及烧伤	1. 消除钢筋被夹紧部位的铁锈和油污; 2. 消除电极内表面的氧化物; 3. 改进电极槽口形状,增大接触面积; 4. 夹紧钢筋
接头弯折或轴线偏移	1. 正确调整电极位置; 2. 修整电极钳口或更换已变形的电极; 3. 切除或矫直钢筋的弯折处

二、电弧焊

钢筋电弧焊是以焊条作为一极、钢筋为另一极,利用焊接电流通过产生的电弧热进行焊接的一种熔焊方法,如图 5-2 所示。电弧焊具有设备简单、操作灵活、成本低等特点,且焊接性能好,但工作条件差、效率低。适用于构件厂内和施工现场焊接碳素钢、低合金结构钢、不锈钢、耐热钢和对铸铁的补焊,可在各种条件下进行各种位置的焊接。电弧焊又分手工电弧焊、埋弧压力焊等。

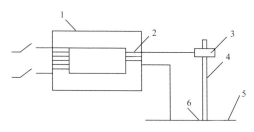

图 5-2 电弧焊

1—焊接变压器;2—变压器二次绕组;3—焊钳;4—焊条;5、6—焊件

(一)手工电弧焊

手工电弧焊是利用手工操纵焊条进行焊接的一种电弧焊。手工电弧焊用的焊机有交流弧焊机(焊接变压器)、直流弧焊机(焊接发电机)等。手工电弧焊用的焊机是一台额定电流 500A 以下的弧焊电源:交流变压器或直流发电机;辅助设备有焊钳、焊接电缆、面罩、敲渣锤、钢丝刷和焊条保温筒等。电弧焊是利用弧焊机使焊条与焊件之间产生高温电弧,使焊条和电弧燃烧范围内的焊件熔化,待其凝固,便形成焊缝或接头。钢筋电弧焊可分搭接焊、帮条焊、坡口焊和熔槽帮条焊四种接头形式。下面介绍帮条焊、搭接焊和坡口焊,熔槽帮条焊及其他电弧焊接方法详见《钢筋焊接及验收规程》(JGJ18—2012)。

1. 接头形式及要求

电弧焊接头形式有帮条焊、搭接焊、熔槽帮条焊、坡口焊、窄间隙焊等。现分述如下:

（1）帮条焊。适用于 HPB300、HRB400、RRB400 钢筋，分单面焊、双面焊两种，见图 5-3。由于双面焊接头受力性能好于单面焊，所以在施工条件不受限制时，应尽量采用双面焊。

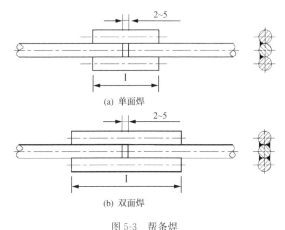

(a) 单面焊

(b) 双面焊

图 5-3　帮条焊

焊缝尺寸见图 5-4，焊缝厚度 s 不应小于所接钢筋（主筋）直径的 0.3 倍，焊缝宽度不应小于主筋直径的 0.7 倍。

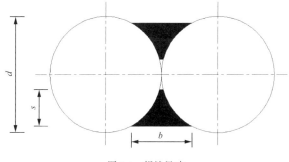

图 5-4　焊缝尺寸

当帮条级别与主筋相同时，帮条的直径可比主筋直径小一个规格；当帮条直径与主筋相同时，帮条的级别可比主筋直径小一个级别。帮条长度见表 5-4。

表 5-4　　　　　　　　　帮条长度

钢筋级别	焊缝型式	帮条长度 l
HPB300	单面焊	≥8d
	双面焊	≥4d
HRB400、RRB400	单面焊	≥10d
	双面焊	≥5d

（2）搭接焊。搭接焊适用于 HPB300、HRB400、RRB400级钢筋,搭接焊接头的钢筋需事先将端部进行弯折,使两段钢筋焊接后仍维持其轴线位于一条直线上。搭接焊分单面焊和双面焊两种(见图 5-5)。

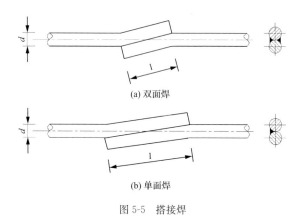

(a) 双面焊

(b) 单面焊

图 5-5　搭接焊

（3）熔槽帮条焊。熔槽帮条焊宜用于直径不小于 20mm的钢筋的现场安装焊接。焊接时应加角钢作板模,角钢边长宜为 40～60mm,长度宜为 80～100mm。

（4）坡口焊。坡口焊适用于装配式框架结构安装中的柱间节点或梁与柱的节点的焊接。接头形式见图 5-6,钢垫板厚度宜为 4～6mm,长度宜为 40～60mm。坡口平焊[见图 5-6(a)]时,垫板宽度应为钢筋直径加 10mm,V 形坡口角

度宜为 $55°\sim65°$;坡口立焊,见图 5-6(b)时,垫板宽度宜等于钢筋直径,坡口角度宜为 $40°\sim55°$(其中下钢筋宜为 $5°\sim10°$,上钢筋宜为 $35°\sim45°$)。

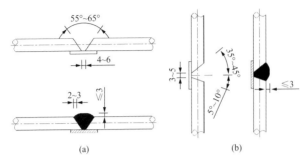

图 5-6　坡口焊

(5)窄间隙焊。钢筋窄间隙电弧焊是将钢筋安放成水平对接形式,并置于铜模内,中间留有少量间隙,用焊条从钢筋根部引弧,连续向上焊接的一种电弧焊法。

窄间隙焊宜用于直径不小于 16mm 的钢筋的现场水平连接。用焊条对置于铜模内的钢筋进行连续焊接,熔化钢筋端面和使熔敷金属填充间隙,形成如图 5-7 所示的接头。

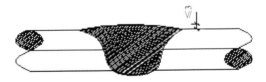

图 5-7　窄间隙焊

2. 焊机和焊条

弧焊机有直流弧焊机和交流弧焊机之分,施工现场多用交流弧焊机,见表 5-5。

焊条的种类有很多,电弧焊使用焊条应符合表 5-6 的规定。

表 5-5　　　　　　　　　　常用交流弧焊机

项目		单位	型号				
			BX1-200	BX1-400	BX2-1000	BX3-300-2	BX3-500-2
初级电压		V	220/380	380	220/380	220/380	220/380
额定初级电流		A	70/40	83	340/196	105/61.9	176/101.4
额定初级容量		kV·A	15	31.4	76	23.4	38.6
100%负载持续率时容量		kV·A	9	24.4	59	18.5	30.5
额定焊接电流		A	200	400	1000	300	500
效率		%	80	84.5	90	82.5	87
功效因数			0.45	0.55		0.53	0.62
使用焊条直径		mm	2～5	3～7		2～7	2～8
外形尺寸	长	mm	356	640	741	730	730
	宽	mm	320	390	950	540	540
	高	mm	546	764	1220	900	900
重量		kg	50	144	560	186	225

表 5-6　　　　　　　　　　电弧焊使用焊条

钢筋级别	电弧焊接头型式			
	帮条焊搭接焊	熔槽帮条焊坡口焊预埋件穿孔塞焊	窄间隙焊	预埋件 T 型角焊钢筋与钢板搭接焊
HPB300	E4303	E4303	E4316、E4315	E4303
HRB400、RRB400	E5003	E5503	E6016、E6015	

3. 工艺操作要点

（1）基本要求。焊接地线应与钢筋接触良好,防止因起弧而烧伤钢筋;应根据钢筋级别、直径、接头型式和焊接位置,选择适宜的焊条、焊接工艺和焊接参数;带有钢板或帮条的接头,引弧应在钢板或帮条上进行;无钢筋或无帮条的接头,引弧应在形成焊缝部位,防止烧伤主筋;焊接过程中焊缝表面应保持光滑平整;焊缝余高应平缓过渡,弧应填满。

(2)帮条焊或搭接焊注意事项。进行帮条焊时,两主筋端头之间应留 2~5mm 的间隙;帮条与主筋之间应用四点定位焊固定;进行搭接时,两主筋应用两点固定;定位焊缝应离帮条端部或主筋端部不小于 20mm;焊接时,应在帮条或搭接焊形成焊缝中引弧;在端头收弧前应填满弧坑,并应使主焊缝与定位焊缝的始端和终端熔合。

(3)熔槽帮条焊注意事项。钢筋端头应加工平整;两钢筋端面的间隙应为 10~16mm;从接缝处垫板引弧后应连续施焊,并应使钢筋端部熔合,防止未焊透、气孔或夹渣;焊接过程中应停焊清渣一次;焊平后,再进行焊缝余高的焊接,其高度不得大于 3mm;钢筋与角钢垫板之间应加焊侧面焊缝 1~3 层,焊缝应饱满,表面应平整。

(4)坡口焊注意事项。坡口面应平顺,切口边缘不得有裂纹、钝边和缺棱;钢筋根部间隙:坡口平焊时宜为 4~6mm;立焊时宜为 3~5mm;其最大间隙均不宜超过 10mm。

(5)窄间隙焊注意事项。钢筋端面应平整;从焊缝根部引弧应连续进行焊接,左右来回运弧在钢筋端面处电弧应少许停留,并使熔合;当焊至端面间隙的 4/5 高度后,焊缝应逐渐扩宽;当熔池过大时,应改连续焊为断续焊,避免过热;焊缝余高不得大于 3mm,且应平缓过渡至钢筋表面。

(二)埋弧压力焊

埋弧压力焊是将钢筋与钢板安放成 T 型形状,利用焊接电流通过时在焊剂层下产生电弧,形成熔池,加压完成的一种压焊方法。具有生产效率高、质量好等优点,适用于各种预埋件、T 型接头、钢筋与钢板的焊接。预埋件钢筋压力焊适用于热轧直径 6~25mm HPB300 级钢筋的焊接,钢板为普通碳素钢,厚度 6~20mm。

埋弧压力焊机主要由焊接电源(BX2-500、AX1-500)、焊接机构和控制系统(控制箱)三部分组成。图 5-8 是由 BX2-500 型交流弧焊机作为电源的埋弧压力焊机的基本构造。其工作线圈(副线圈)分别接入活动电极(钢筋夹头)及固定电极(电磁吸铁盘)。焊机结构采用摇臂式,摇臂固定在立柱上,可作左右回转活动;摇臂本身可作前后移动,以使焊接时能取得所需要的工作位置。摇臂末端装有可上下移动的工作头,其下端是用导电材料制成的偏心夹头,夹头接工作线圈,成活动电极。工作平台上装有平面型电磁吸铁盘,拟焊钢板放置其上,接通电源,能被吸住而固定不动。

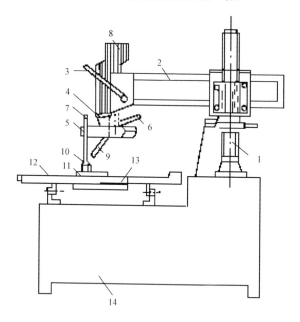

图 5-8 埋弧压力焊机

1—立柱;2—摇臂;3—压柄;4—工作头;5—钢筋夹头;6—手柄;7—钢筋;
8—焊剂料箱;9—焊剂漏口;10—铁圈;11—预埋钢板;12—工作平台;
13—焊剂储斗;14—机座

在埋弧压力焊时，钢筋与钢板之间引燃电弧之后，由于电弧作用使局部用材及部分焊剂熔化和蒸发，蒸发气体形成了一个空腔，空腔被熔化的焊剂所形成的熔渣包围，焊接电弧就在这个空腔内燃烧，在焊接电弧热的作用下，熔化的钢筋端部和钢板金属形成焊接熔池。待钢筋整个截面均匀加热到一定温度，将钢筋向下顶压，随即切断焊接电源，冷却凝固后形成焊接接头。

三、电阻点焊

电阻点焊主要用于焊接钢筋网片、钢筋骨架等（适用于直径 6～14mm 的 HPB300 级钢筋和直径 3～5mm 的冷拔低碳钢丝），它生产效率高，节约材料，应用广泛。

电阻点焊的工作原理如图 5-9 所示，将已除锈的钢筋交叉点放在点焊焊机的两电极间，使钢筋通电发热至一定温度后，加压使焊点金属焊合。常用点焊机有单点点焊机、多点点焊机和悬挂式点焊机，施工现场还可采用手提式点焊机。电阻点焊的主要工艺参数为：电流强度、通电时间和电极压力。电流强度和通电时间一般均宜采用电流强度大，通电时间短的参数，电极压力则根据钢筋级别和直径选择。

电阻点焊的焊点应进行外观检查和强度试验，热轧钢筋的焊点应进行抗剪试验。冷处理钢筋除进行抗剪试验外，还应进行抗拉试验。

点焊时，将表面清理好的钢筋叠合在一起，放在两个电极之间预压夹紧，使两根钢筋交接点紧密接触。当踏下脚踏板时，带动压紧机构使上电极压紧钢筋，同时断路器也接通电路，电流经变压器次级线圈引到电极，接触处在极短的时间内产生大量的电阻热，使钢筋加热到熔化状态，在压力作用下两根钢筋交叉焊接在一起。当放松脚踏板时，电极松开，断路器随着杠杆下降，断开电路，点焊结束。

1. 常用点焊焊机

应根据钢筋的级别、直径及焊机性能合理选择焊接参数。常用几种点焊焊机见表 5-7。

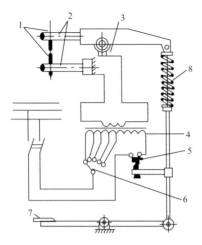

图 5-9 点焊焊机工作原理

1—电极;2—电极臂;3—变压器的次级线圈;4—变压器的初级线圈;

5—断路器;6—变压器的调节开关;7—踏板;8—压紧机构

表 5-7 常用点焊焊机

项目		单位	型号					
			SO232A	SO432A	DN3-75	DN3-100	DN-63	DN-125
额定容量		kV·A	17	31	75	100	63	125
负载持续率		%	50	50	20	20	50	50
初级电压		V	380	380	380	380	380	380
初级额定电流		A	44.7	81.6	197.4	263	166	330
可焊钢筋直径		mm	8~10	10~12	8~10	10~12	15	20
外形尺寸	长	mm	765	860	1610	1610	1400	1550
	宽	mm	400	400	730	730	400	400
	高	mm	1405	1405	1460	1460	1890	1890
重量		kg	160	225	800	850	790	900

2. 操作要点

(1) 电阻点焊应根据钢筋级别、直径及焊机性能等具体情况选择必要的焊接参数。工人们应在操作过程中随时掌握规律、积累经验，以求焊接质量的不断提高。

（2）在焊接骨架或焊接网的电阻点焊，两钢筋（钢丝）相互压入的深度 d（见图5-10）称为压入深度。

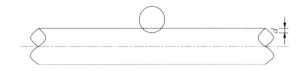

图 5-10　焊接骨架或焊接网的电阻点焊两钢筋（钢丝）
相互压入的深度

焊点压入深度应符合下列要求：

1）点焊热轧钢筋时，压入深度应为较细钢筋直径的 $25\%\sim45\%$。

2）点焊冷拔低碳钢丝、冷轧带肋钢筋时，压入深度应为较细钢筋（钢丝）直径的 $25\%\sim40\%$。

（3）点焊钢筋时电极的直径应根据较细钢筋的直径选用，并应符合表5-8的规定。

表 5-8　　　　　　点焊焊接电极直径选取表

较细钢筋的直径/mm	3～10	12～14
电极直径/mm	30	40

电极端部除应经常保持清洁和平整之外，当以现电极使用产生变形时，应及时修整。

3. 操作注意事项

钢筋必须无锈，经常保持电极与钢筋之间接触表面良好；焊机接通后，应检查电气设备、操作机构、冷却系统、气路系统以及机体外壳有无漏电现象；焊接骨架和焊接网片的焊点应符合设计要求。设计未规定时，钢筋的每个交叉点都应焊牢。

4. 质量通病及预防措施

质量通病及预防措施见表5-9。

表 5-9　　　　　　　点焊焊接缺陷和防治措施

缺陷	产生原因	措施
焊点过烧	1. 变压器级数过高； 2. 通电时间过长； 3. 上下电极不对中心继电器接触失灵	1. 降低变压器级数； 2. 缩短通电时间； 3. 切断电源，校正电极； 4. 清理触点，调节间隙
焊点脱离	1. 电流过小； 2. 压力不够； 3. 压入深度不足； 4. 通电时间太短	1. 提高变压器级数； 2. 加在弹簧压力或调大气压； 3. 调整两电极间距离符合压入深度要求； 4. 延长通电时间
钢筋表面烧伤	1. 钢筋与电极接触表面太脏； 2. 焊接时没有顶压过程或顶压力过小； 3. 电流过大； 4. 电极变形	1. 清刷电极和钢筋表面的铁锈和油污； 2. 保证顶压过程和适当的顶压力； 3. 降低变压器级数； 4. 修理或更换电极

四、接触电渣焊

接触电渣焊一般用于钢筋混凝土结构中竖向或斜度不大钢筋的连接。与电弧焊相比较，它具有工效高、成本低等优点。

接触电渣焊属于熔化压力焊范畴，适用于直径为 14～40mm 的 HPB300、HRB400、RRB400 级竖向钢筋的连接，但直径为 28mm 以上钢筋的焊接技术难度较大。接触电渣焊工艺复杂，对焊工要求高。此外，在供电条件差（电压不稳等）、雨季或防火要求高的场合应慎用。

1. 接触电渣焊规定

（1）焊接前，先将钢筋端部 100mm 范围内的铁锈、杂质除净。夹具钳口应夹紧钢筋，并使其轴线在同一直线上，见图 5-11。两钢筋端部间隙宜为 5～10mm。宜采用铁丝圈引燃法及 431 号焊剂进行焊接。

（2）接触电渣焊之前，采用同牌号、同直径的钢筋和相同的焊接参数,制作 5 个试件进行抗拉试验,合格后方可按确定的焊接参数施焊。焊接参数可参照表 5-10 选用。

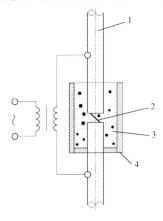

图 5-11　钢筋接触电渣焊(铁丝圈引燃法)

1—钢筋;2—铁丝圈;3—焊剂;4—焊剂盒

(3) 接触电渣焊接头应全部进行外观检查。对焊接质量有怀疑时,应视实际情况抽样进行抗拉试验。

(4) 接触电渣焊接头外观检查要求:接头四周铁浆饱满均匀,没有裂缝,上下钢筋的轴线应一致,其最大的偏移不应超过 0.1d,同时不大于 2mm。外观检查不合格者应断开重焊。

表 5-10　　　　　钢筋接触电渣焊接参数

钢筋直径 /mm	焊接电流/A		外电网保证电压/V	渣池电压 /V	手压力 /kgf	通电时间/s
	起弧	稳弧				
20	800	400～500	370～400	25～45	20～30	18～20
25	900	500～600	380～400	25～50	30～35	20～25
32	400	700～900	380～420	25～60	35～40	25～30
36	1600	900～1100	380～420	25～60	35～40	30～35

注:1. 顶压时间以钢筋下移稳定后半分钟为宜。夹具拆除时间,以下压完成后约 2min 为宜。

2. 保证外电压稳定在 380V 以上,否则架设专线。

3. 1kgf=9.8N。

2. 施焊方法

接触电渣焊是将两根钢筋安放成竖向对接形式,利用焊接电流通过两钢筋端面间隙,在焊剂层下形成电弧过程和电渣过程,产生电弧热和电阻热,熔化钢筋,加压完成的一种焊接方法。钢筋电渣压力焊机操作方便,效率高,适用于竖向或斜向受力钢筋的连接,钢筋级别为 HPB300 级,直径为14~40mm。电渣压力焊设备包括电源、控制箱、焊接夹具、焊剂盒。自动电渣压力焊的设备还包括控制系统及操作箱。焊接夹具应具有一定刚度,要求坚固、灵巧、上下钳口同心,上下钢筋的轴线应尽量一致。

(1)工艺过程:

1)操作前应将钢筋待焊端部约 150mm 范围内的铁锈、杂物以及油污消除干净;要根据竖向钢筋接长的高度搭设必要的操作架子,确保工人扶直钢筋时操作方便,并防止钢筋夹前后晃动。

2)焊接夹具的上下钳口应夹紧于上、下钢筋的适当位置,钢筋一经夹紧就不得晃动。

3)引弧采用铁丝圈或焊条引弧法,就是在两钢筋的间隙中预先安放一个引弧铁丝圈(高约 10mm)或 1 根焊条芯(直径为 3.2mm,高约 10mm),由于铁丝(焊条芯)细、电流密度大,便立即熔化、蒸发,原子电离而引弧;也可采用直接引弧法,就是将上钢筋与下钢筋接触,接通焊接电源后,即将上钢筋提升 2~4mm 引燃电弧。

4)经过四个阶段的焊接过程(引弧、电弧、电渣、顶压)之后,接头焊毕应适当停歇,方可回收焊剂和卸下焊接夹具,并敲去渣壳;四周焊包应均匀,凸出钢筋表面的高度应不小于 3mm。

(2)主要技术参数见表 5-11。

(3)接触电渣焊注意事项:

1)焊剂使用前,须经恒温 250℃烘焙 1~2h;焊剂回收重复使用时,应除去熔渣和杂物,如果受潮,尚须再烘焙。

表 5-11　　　　　　　接触电渣焊主要技术参数

钢筋直径/mm	焊接电流/A	焊接电压/V		焊接通电时间/s	
		电弧过程	电渣过程	电弧过程	电渣过程
14	200～220			12	3
16	200～250			14	4
18	250～300			15	5
20	300～350			17	5
22	350～400			18	6
25	400～450	35～45	22～27	21	6
28	500～550			24	6
32	600～650			27	7
36	700～750			30	8
40	850～900			33	9

2）焊接前应检查电路,观察网路电压波动情况,如电源的电压降大于 5%,则不宜进行焊接。

（4）焊接质量通病及防治措施:

在焊接生产中,焊工应随时进行自检,当发现焊接接头有缺陷时,宜按表 5-12 查找原因和采取措施及时消除。

表 5-12　　　接触电渣焊接接头焊接缺陷及防治措施

焊接缺陷	措施
轴线偏移	1. 矫直钢筋端部; 2. 正确安装夹具和钢筋; 3. 避免过大的顶压力; 4. 及时修理或更换夹具
弯折	1. 矫直钢筋端部; 2. 注意安装和扶持上钢筋; 3. 避免焊后过快卸夹具; 4. 修理或更换夹具
咬边	1. 减小焊接电流; 2. 缩短焊接时间; 3. 注意上钳口的起点和止点,确保上钢筋顶压到位

焊接缺陷	措施
未焊合	1. 增大焊接电流； 2. 避免焊接时间过短； 3. 检修夹具,确保上钢筋下送自如
焊包不匀	1. 钢筋端面力求平整； 2. 填装焊剂尽量均匀； 3. 延长焊接时间,适当增加熔化量
气孔	1. 按规定要求烘焙焊剂； 2. 清除钢筋焊接部位的铁锈； 3. 确保接缝在焊剂中合适埋入
烧伤	1. 钢筋导电部位除净铁锈； 2. 尽量夹紧钢筋
焊包下淌	1. 彻底封堵焊剂筒的漏孔； 2. 避免焊后过快回收焊剂

五、气压焊接

气压焊是利用氧气和乙炔气,按一定的比例混合燃烧的火焰,将被焊钢筋两端加热,使其达到热塑状态,经施加适当压力,使其接合的固相焊接法。钢筋气压焊适用于 14～40mm 热轧钢筋,也能进行不同直径钢筋间的焊接,还可用于钢轨焊接。被焊材料有碳素钢、低合金钢、不锈钢和耐热合金等。钢筋气压焊设备轻便,可进行水平、垂直、倾斜等全方位焊接,具有节省钢材、施工费用低廉等优点。

（一）气压焊接工艺

钢筋气压焊接机由供气装置（氧气瓶、溶解乙炔瓶等）、多嘴环管加热器、加压器（油泵、顶压油缸等）、焊接夹具及压接器等组成,如图 5-12、图 5-13 所示。

气压焊接钢筋是利用乙炔-氧混合气体燃烧的高温火焰对已有初始压力的两根钢筋端面接合处加热,使钢筋端部产生塑性变形,并促使钢筋端面的金属原子互相扩散,当钢筋加热到 1250～1350℃（相当于钢材熔点的 0.80～0.90 倍,此

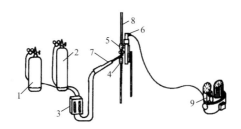

图 5-12　气压焊接设备示意图

1—乙炔;2—氧气;3—流量计;4—固定卡具;5—活动卡具;6—压节器;
7—加热器与焊炬;8—被焊接的钢筋;9—电动油泵

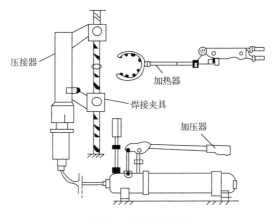

图 5-13　钢筋气压焊机

时钢筋加热部位呈橘黄色,有白亮闪光出现)时进行加压顶
锻,使钢筋内的原子得以再结晶而焊接在一起。

　　钢筋气压焊接属于热压焊。在焊接加热过程中,加热温
度为钢材熔点的 $0.8\sim0.9$ 倍,钢材未呈熔化液态,且加热时
间较短,钢筋的热输入量较少,所以不会出现钢筋材质劣化
倾向。

　　加热系统中的加热能源是氧和乙炔。系统中的流量计
用来控制氧和乙炔的输入量,焊接不同直径的钢筋要求不同
的流量。加热器用来将氧和乙炔混合后,从喷火嘴喷出火焰

加热钢筋,要求火焰能均匀加热钢筋,有足够的温度和功率并且安全可靠。

加压系统中的压力源为电动油泵(也有手动油泵),使加压顶锻时压力平稳。压接器是气压焊的主要设备之一,要求它能准确、方便地将两根钢筋固定在同一轴线上,并将油泵产生的压力均匀地传递给钢筋达到焊接的目的。施工时压接器需反复装拆,要求它重量轻、构造简单和装拆方便。

气压焊接的钢筋要用砂轮切割机断料,不能用钢筋切断机切断,要求端面与钢筋轴线垂直。焊接前应打磨钢筋端面,清除氧化层和污物,使之现出金属光泽,并即喷涂一薄层焊接活化剂保护端面不再氧化。

钢筋加热前先对钢筋施 $30\sim40\mathrm{MPa}$ 的初始压力,使钢筋端面贴合。当加热到缝隙密合后,上下摆动加热器适当增大钢筋加热范围,促使钢筋端面金属原子互相渗透也便于加压顶锻。加压顶锻的压应力 $30\sim40\mathrm{MPa}$,使焊接部位产生塑性变形。直径小于22mm 的钢筋可以一次顶锻成型,大直径钢筋可以进行二次顶锻。

(二)气压焊接质量要求

气压焊接应遵守下列规定:

(1)钢筋端面切平,并与钢筋轴线垂直,钢筋端部若有弯折,应矫直或切除。钢筋端部 $2d$ 范围内应清除干净,端头经打磨露出金属光泽,不应有氧化现象。

(2)钢筋安装后应加压顶紧、局部缝隙不应大于 3mm。

(3)气压焊接作业应符合下列要求:

1)应根据钢筋直径和焊接设备等具体条件选用等压法、二次加压法或三次加压法焊接工艺。

2)焊接过程中,对钢筋施加的轴向压力,按均匀作用在钢筋横截面面积上计,应为 $30\sim40\mathrm{MPa}$。

3)钢筋气压焊的开始阶段宜采用碳化火焰,对准接缝处集中加热,并使其内焰包住缝隙,防止钢筋端面产生氧化。在确认缝隙完全密合后,应改用中性火焰,以压焊面为中心,在两侧各 1 倍钢筋直径长度范围内往复宽幅加热。

4）钢筋端面的合适加热温度为1150～1250℃,钢筋墩粗区表面的加热温度应稍高于该温度。

（4）全部接头应进行外观检查,并按批次切取试件进行抗拉必要时进行弯曲试验。

（5）气压焊接接头外观检查应符合下列要求：

1）最大的偏移量 $e \leqslant 0.15d$,同时小于4mm。不同直径的钢筋相焊时,按较小的钢筋直径计。焊接后的最大的偏移量超过此限值时应切除重焊。

2）两钢筋轴线弯折角不大于4°,超过此限值时应重新加热矫正。

3）墩粗直径 $d_m \geqslant 1.4d$,小于此限值时应重新加热墩粗。

4）长度 $L_a \geqslant 1.2d$,且凸起部分平缓圆滑,小于此限值时,应重新加热墩长。

5）压焊面偏移量。$e_d \leqslant 0.2d$（见图5-14）。

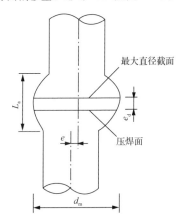

图5-14　气压焊接头示意图

6）接头不应有环向裂纹,若有裂纹应切除重焊。

7）墩粗区表面不应有严重烧伤。

（6）机械性能检查项目和质量应符合下列要求：

1）机械性能检查以300个接头为一批,不足300个接头按一批计。从每批接头中随机切取3个接头做抗拉试验,根据需要,也可另取 3 个接头做弯曲试验。

2）抗拉试件的抗拉强度不应低于规定的指标值,并呈塑性断裂。若有 1 个试件不符合要求,应切取 6 个接头进行复验,若仍有 1 个接头不符合要求,则该批接头为不合格。

3）弯曲试验应符合下列要求:

——试件长度不小于表 5-13 的规定。

——弯曲内直径应符合表 5-14 的规定。

表 5-13　　　　　气压焊弯曲试件长度　　　（单位：mm）

钢筋直径	16	18	20	22	25	28	32	36	40
试件长度	250	270	280	290	310	360	390	420	450

表 5-14　　　　　气压焊弯曲内直径　　　（单位：mm）

钢筋等级	弯心直径	
	$d \leqslant 25$	$d > 25$
HPB300	$2d$	$3d$

——进行弯曲试验的试件受压面凸起部分应去除,与钢筋外表面平齐。压焊面应处在弯曲中心点,弯至 90°时试件在压焊面不应发生破断。

——弯曲试验若有 1 个试件不符合要求,应切取 6 个接头进行复验,若仍有 1 个试件不符合要求,则该批接头为不合格。

第二节　钢筋的机械连接

最常用的机械连接方法有两种:套筒挤压连接法和螺纹套筒连接法。它们不受季节影响、不被钢筋可焊性所制约,具有工艺性能良好和接头性能可靠度高等特点。

一、钢筋的机械连接要求

机械连接应遵守下列规定:

（1）钢筋采用机械连接时,应由厂家提交有效的机械连接型式检验报告。

（2）每批进场钢筋进行接头工艺检验，工艺检验应符合下列要求：

1）每种规格钢筋的接头试件不少于3个。

2）接头试件的钢筋母材抗拉强度试件不少于3个，且应取自接头试件的同一根钢筋。

3）Ⅰ级接头试件抗拉强度应不小于0.95倍钢筋母材的实际抗拉强度。Ⅱ级接头试件抗拉强度应不小于0.9倍钢筋母材的实际抗拉强度。计算实际抗拉强度时，应采用钢筋的实际横截面面积。

（3）机械连接接头宜避开有抗震要求的框架梁端和柱端的箍筋加密区；当无法避开时，应采用Ⅰ级接头，且接头数不应超过此截面钢筋根数的75%。

（4）应进行外观质量检查和单向拉伸试验。设计有特殊要求时按设计要求项目进行检验。以500个同一批材料的同等级、同型式、同规格接头为一批，不足500个按一个验收批计。接头均应有现场连接施工记录。

（5）直螺纹接头外观质量及拧紧力矩检查应满足下列要求：

1）接头拼接时用管钳扳手拧紧，使两个丝头在套筒中央位置相互顶紧。

2）拼接完成后，套筒每端不应有2扣以上的完整丝扣外露，加长型接头的外露丝扣不受限制，但应有明显标记，以检查进入套筒的丝头长度是否满足要求。

3）外观检查数量：每一验收批中随机抽取10%的接头进行外观检查，抽检的接头应全部合格，如有1个接头不合格，该验收批的接头应逐个检查，对不合格接头应补强。

4）接头拧紧力矩值应符合表5-15的规定，不应超拧，拧紧后的接头应标记。检测用的力矩扳手应为专用扳手。

表5-15 **直螺纹接头拧紧力矩值**

钢筋直径/mm	≤16	18～20	22～25	28～32	36～40
拧紧力矩值/(N·m)	100	200	260	320	360

（6）锥螺纹接头外观质量及拧紧力矩检查应满足下列要求：

1）连接套筒应与钢筋的规格一致，接头丝扣无一扣完整外露。

2）接头拧紧力矩值应符合表 5-16 的规定，不应超拧，拧紧后的接头应标记。检测用的力矩扳手应为专用扳手。

表 5-16　　　　　　　　　锥螺纹接头拧紧力矩值

钢筋直径/mm	≤16	18～20	22～25	28～32	36～40
拧紧力矩值/(N·m)	100	180	240	300	360

3）每一验收批中随机抽取 10% 的接头进行外观检查，并用专用的力矩扳手检验接头的拧紧值。抽检的接头应全部合格，如有 1 个接头不合格，该验收批接头应逐个检查，不合格接头应补强。

（7）单向拉伸试验要求：每一验收批随机切取 3 个试件做单向拉伸试验，试验结果均符合要求时，该验收批为合格；如有 1 个试件的强度不符合要求，应再取 6 个试件进行复验，复验中如仍有 1 个试件试验结果不符合要求，则该验收批为不合格。

二、套筒挤压连接

钢筋套筒挤压连接是一种冷压机械连接方式，如图 5-15 所示。其基本原理是：将两根待接长的钢筋插入钢制的连接套筒内，采用专用液压压接钳侧向挤压连接套筒，使套筒产生塑性变形，变形的套筒内壁嵌入带肋钢筋的螺纹内，由此产生抵抗剪力来传递钢筋连接处的轴向力。套筒挤压连接接头强度高，质量稳定可靠；安全、无明火，不受气候条件影响；适应性强，可用于垂直、水平、倾斜、高空、水下等各方位

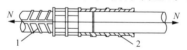

图 5-15　套筒挤压连接
1—变形钢筋；2—套筒

的钢筋连接。这种连接方法一般用于直径为 16～40mm 的 HRB400、RRB400 钢筋(包括余热处理钢筋),分径向挤压和轴向挤压两种。

（一）径向挤压

钢筋径向挤压套管连接是沿套管直径方向从套管中间依次向两端挤压套管,使之冷塑性变形把插在套管里的两根钢筋紧紧咬合成一体,如图 5-16 所示。它适用于带肋钢筋连接。

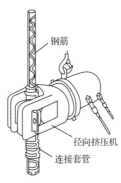

图 5-16　径向挤压套管连接

按径向做套筒挤压连接的方法应符合《钢筋机械连接技术规程》(JGJ 107—2016)的要求。性能等级分 A 级和 B 级二级;不同直径的带肋钢筋亦可采用挤压连接法,当套筒两端外径和壁厚相等时,被连接钢筋的直径相差不应大于 5mm。

1. 工艺流程

挤压连接工艺流程为:钢筋、套筒质量验收→钢筋断料、套筒画套入长度标记→将钢筋套入套筒内→安装压接钳→开动液压泵、逐扣压套筒至接头成型→卸下压接钳→接头外形检查验收。

设备布置示意如图 5-17 所示。挤压机吊挂于小车的架子上,靠平衡器的卷簧张紧力变化调节其高度,并平衡重量,使操作人员手持挤压机基本上处于无重状态;挤压机由安装在小车上的高压油泵提供压力源。

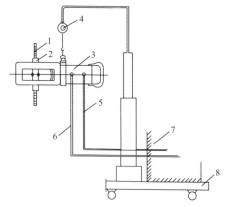

图 5-17　挤压连接工艺布置

1—钢筋；2—套筒；3—挤压机；4—平衡器；5—进油管；6—油管；

7—油泵；8—小车

2. 套筒

挤压连接所用的套筒材料如图 5-18 所示，应选用适合于压延加工的钢材，其实测力学性能应符合表 5-17 的要求。套筒的全截面强度大于被连接钢筋强度标准值。

图 5-18　挤压连接套筒

表 5-17　　　　　　　　套筒材料的力学性能

项目	指标
屈服强度/(N/mm²)	225～350
抗拉强度/(N/mm²)	375～500
伸长率 δ	20%
洛氏硬度/HRB	60～80
（或布氏硬度/HB）	（102～133）

按机械连接件技术性能的基本要求,套筒和承截力要求:

$$f_{\text{slyk}}A_{\text{sl}} \geqslant 1.1 f_{\text{tk}}A_{\text{s}} \tag{5-1}$$

$$f_{\text{sltk}}A_{\text{sl}} \geqslant 1.1 f_{\text{tk}}A_{\text{s}} \tag{5-2}$$

式中:f_{slyk}——套筒的屈服强度标准值;

f_{sltk}——套筒的抗拉强度标准值;

f_{yk}——钢筋的屈服强度标准值;

f_{tk}——钢筋的抗拉强度标准值;

A_{sl}——套筒的横截面面积;

A_{s}——钢筋的横截面面积。

套筒的几何尺寸(见表 5-18)和所用材料的材质应与一定的挤压工艺相配套,必须由特别检验认定,套筒的尺寸偏差宜符合表 5-19 的要求。

套筒应有出厂合格证。由于各类规格的钢筋都要与相应规格的套筒相匹配,因此,套筒在运输和储存中应按不同规格分别堆放整齐,以避免混用;套筒不得露天堆放,以免产生锈蚀或被泥砂杂物沾污。

表 5-18 **钢套筒的规格和尺寸**

钢套筒型号	钢套筒尺寸/mm			理论重量 /kg
	外径	壁厚	长度	
G40	70	12	250	4.37
G36	63.5	11	220	3.14
G32	57	10	200	2.31
G28	50	8	190	1.58
G25	45	7.5	170	1.18
G22	40	6.45	140	0.75
G20	36	6	130	0.58
G18	34	5.5	125	0.47

表 5-19　　　　　　　套筒尺寸的允许偏差　　　　（单位：mm）

套筒外径 D	外径允许偏差	壁厚(t)允许偏差	长度允许偏差
≤50	±0.5	$+0.12t$ $-0.10t$	±2
>5	±0.01D	$+0.12t$ $-0.10t$	±2

3. 施工机具

挤压机的型号和相应的性能虽然各不相同,但是构造和原理基本上是一样的,它的工作示意图见图 5-19,是一种液压机构,油压通过高压油泵实现。

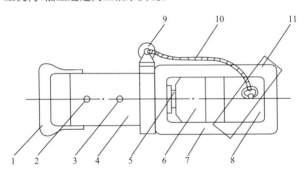

图 5-19　挤压机构造

1—把手;2—进油口;3—回油口;4—缸体;5—活塞;6—动压模;7—机架;
8—定压模;9—吊环;10—链条;11—卡板

钢筋连同套筒放在挤压机机架内的压模中,高压油液输入油缸并挤压活塞,带动压模前进,并将套筒挤压在动压模与定压模之间。定压模用卡板与机架相连,并可从机架中抽出,以便放进或退出钢筋。

挤压机的型号有多种,额定工作压力(油液压强)可达 $50 \sim 100 \text{N/mm}^2$ (一般称为"超高压"),额定挤压力可达 $750 \sim 1000 \text{kN}$。常用的几种挤压机技术数据列于表 5-20。

表 5-20   常用挤压机技术数据

项目		单位	型号		
			GYJ25	GYJ32	GYJ40
确定工作压力		N/mm²	80	80	80
确定挤压力		kN	760	760	900
外形尺寸	直径	mm	150	150	170
	长	mm	433	480	530
重量(不带压模)		kg	23	27	34
压模	可配压模型号		M18,M20,M22,M25	M32,M20,M22,M25,M28	M32,M36,M40
	可连接钢筋的直径	mm	18~25	20~32	32~40
	重量	kg/套	5.6	6	7

4. 作业条件

（1）挤压作业前,检查挤压设备是否异常,并试压,符合要求后方准作业。

（2）按连接钢筋规格和套筒型号选配压模,对不同直径钢筋的套筒不得相互串用。连接相同直径钢筋的钢套筒型号、压模型号应符合表 5-21 的规定,连接不同直径钢筋的钢套筒型号、压模型号应按表 5-22 的规定采用。

表 5-21   相同规格钢筋连接时的钢套筒型号、压模型号、
压痕最小直径和压痕总宽度

连接钢筋规格	钢套筒型号	压模型号	压痕最小直径允许范围/mm	压痕总宽度/mm
φ40~φ40	G40	M40	60~63	≥80
φ36~φ36	G36	M36	54~57	≥70
φ32~φ32	G32	M32	48~51	≥60
φ28~φ28	G28	M28	41~44	≥55
φ25~φ25	G25	M25	37~39	≥50
φ22~φ22	G22	M22	32~34	≥45
φ20~φ20	G20	M20	29~31	≥45
φ18~φ18	G18	M18	27~29	≥40

表 5-22　不同规格钢筋连接时的钢套筒型号、压模型号、压痕最小直径和压痕总宽度

连接钢筋规格	钢套筒型号	压模型号	压痕最小直径允许范围/mm	压痕总宽度/mm
$\phi40\sim\phi36$	G40	$\phi40$ 端 M40 $\phi36$ 端 M36	$60\sim63$ $57\sim60$	$\geqslant80$
$\phi36\sim\phi32$	G36	$\phi36$ 端 M36 $\phi32$ 端 M32	$54\sim57$ $51\sim54$	$\geqslant70$
$\phi32\sim\phi28$	G32	$\phi32$ 端 M32 $\phi28$ 端 M28	$48\sim51$ $45\sim48$	$\geqslant60$
$\phi28\sim\phi25$	G28	$\phi28$ 端 M28 $\phi25$ 端 M25	$41\sim44$ $38\sim41$	$\geqslant55$
$\phi25\sim\phi22$	G25	$\phi25$ 端 M25 $\phi22$ 端 M22	$37\sim39$ $35\sim37$	$\geqslant50$
$\phi25\sim\phi20$	G25	$\phi25$ 端 M25 $\phi20$ 端 M20	$37\sim39$ $33\sim35$	$\geqslant50$
$\phi22\sim\phi20$	G22	$\phi22$ 端 M22 $\phi20$ 端 M20	$32\sim34$ $31\sim33$	$\geqslant45$
$\phi22\sim\phi18$	G22	$\phi22$ 端 M22 $\phi18$ 端 M18	$32\sim34$ $29\sim31$	$\geqslant45$
$\phi20\sim\phi18$	G20	$\phi20$ 端 M20 $\phi18$ 端 M18	$29\sim31$ $28\sim30$	$\geqslant45$

（3）钢套筒表面沿长度方向标有清晰均匀的压接标志，中部两条标志的距离应不小于 20mm。

（4）液压油中严禁混入杂质。施工中油箱应遮盖好，防止雨水、灰尘混入油箱。在连接拆卸超高压油箱软管时，其端部要保管好，不能粘有灰尘沙土。

（5）压接前钢套筒和钢筋端头及压接部位的锈皮、泥沙、油污等杂物应清理干净；钢筋与钢套筒试套，如钢筋有马蹄、飞边、弯折或纵肋尺寸超大者，应先矫正或用手砂轮修磨，超大部分禁止用电气焊切割。

（6）钢筋端头应有定位标志，以确保钢筋伸入套筒的长度。钢筋端头离套筒长度中心点不宜超过10mm，定位标志距钢筋端部的距离为钢套筒长度的1/2。

（7）参加挤压接头作业的人员必须经过培训，并经考核合格后方可持证上岗。

5. 操作要点

（1）使用挤压设备（挤压机、油泵、输油软管等整套）前应对挤压力进行标定（挤压力大小通过油压表读数控制）。有下列情况之一的就应标定：挤压设备使用前；旧挤压设备大修后；油压表损强列振动后；套筒压痕异常且其他原因时；挤压设备使用超过一年；已挤压的接头数超过5000个。

（2）要事先检查压模、套筒是否与钢筋相互配套，压模上应有相对应的连接钢筋规格标记。挤压操作时采用的挤压力、压模宽度、压痕直径或挤压后套筒长度的波动范围以及挤压道数，均应符合接头技术提供单位所确定的技术参数要求。

（3）钢筋下料切断要用无齿锯，使钢筋端面与它的轴线相垂直。不得用钢筋切断机或气割下料。

（4）高压泵所用的油液应过滤，保持清洁，油箱应密封，防止雨水、灰尘混入油箱。

（5）配套的钢筋、套筒在使用前都要检查，清理压接部位的不洁处（锈皮、泥沙、油污等）；要检查配套是否合适，并进行试套，如果发现钢筋有弯折、马蹄形（个别违规用钢筋切断机切断的才会出现这样的端面）或纵肋尺寸过大的，应予以矫正或用砂轮修磨。

（6）将钢筋插入套筒内，要使深入的长度符合预定要求，即钢筋端头离套筒长度中点不宜超过10mm（在钢筋上画记号，以与套筒端面齐平）；对正压模位置，并使压模运动方向与钢筋两纵肋所在的平面相垂直，以保证最大压接面能处在钢筋的横肋上。

（7）可采用两种压接顺序：一种是在施工现场的作业工位上，通过套筒一次性地将两根钢筋压接（宜从套筒中央开始,并依次向两端挤压);另一种是预先将套筒与1根钢筋压接,然后安装在作业工位上,插入待接钢筋后再挤压另一端套筒。

(8)操作过程中应特别注意施工安全,应遵守高处作业安全规程以及各种设备的使用规程,尤其要对高压油液的有关系统给予充分关注(如高压油泵的安全阀调整、防止输油管在负重或充压条件下拖拉以及被尖利物品刻划、各处接点的紧密可靠性等)。

(9)要求压接操作和所完成的钢筋接头没有缺陷,如果在施工过程中发生异常现象或接头有缺陷,就应及时进行处理防治。发生异常现象和缺陷除了与操作因素有直接关系之外,还与所用设备有关,防治措施可参看表5-23。

表 5-23　　　压接时发生异常和缺陷的防治措施

异常现象和缺陷	防治措施
挤压机无挤压力	1. 高压油管连接位置不正确,应纠正; 2. 油泵故障,应检查排除
压痕分布不均匀	压接时将压痕与套筒上画的分格标志对正
接头弯折	1. 压接时摆正钢筋; 2. 切除或矫直钢筋有弯的端头
压接程度不够	1. 检查油泵和管线是不是有漏油而导致泵压不足; 2. 检查套筒材质是不是符合要求
钢筋伸入套筒内长度不够	在钢筋上准确地画记号,并与套筒端面对齐
压痕深度明显不均	1. 检查套筒材质是不是符合要求; 2. 检查钢筋在套筒内是不是有压空现象(钢筋伸入长度不够)

6. 质量检验

(1)每一验收批中应随机抽取10%的挤压接头作外观质量检验,并按表5-24填写检查记录。如外观质量不合格数超过抽检数的10%时,应对该批挤压接头逐个进行复检,对外观不合格的接头采取补救措施;不能补救的挤压接头应作标记,在外观不合格的接头中抽取 6 个试件作抗拉强度试验,若有一个试件的抗拉强度低于规定值,则该批外观不合格的挤压接头应会同设计单位商定处理,并记录存档。

表 5-24　　　　施工现场挤压接头外观检查记录

工程名称		施工部位		构件类型	
验收批号		验收批数量		抽检数量	
连接钢筋直径/mm			套筒外径(或长度)/mm		

外观检查 内容		压痕处套筒外径(或挤压后套筒长度)		规定挤压道次		接头弯折≤4°		套筒无肉眼 可见裂缝	
		合格	不合格	合格	不合格	合格	不合格	合格	不合格
外观检查不合格接头编号	1								
	2								
	3								
	4								
	5								
	6								
	7								
	8								
	9								
	10								
评定结论									

备注:1. 接头外观检查抽检数量应不少于验收批接头数量的 10%。

2. 外观检查内容共四项,其中压痕处套筒外径(或挤压后套筒长度)、挤压道次,二项的合格标准由产品供应单位根据型式检验结果提供。接头弯折≤4°为合格,套筒表面无肉眼可见裂缝为合格。

3. 仅要求对外观检查不合格接头作记录,四项外观检查内容中,任一项不合格即为不合格,记录时可在合格与不合格栏中打√。

4. 外观检查不合格接头数超过抽检数的 10%时,该验收批外观质量评为不合格。

检查人:_____　　负责人:_____　　日期:_____

（2）挤压接头的现场检验按验收批进行。同一施工条件下采用同一批材料的同等级、同型式、同规格接头，以 500 个为一个验收批，进行检验与验收，不足 500 个也作为一个验收批。

（3）对每一验收批，均应按设计要求的接头性能等级，在工程中随机抽取 3 个接头试件做抗拉强度试验。若其中有一个试件不符合要求时，应再抽取 6 个试件进行复检，复检中仍有 1 个试件的强度不符合要求，则该验收批评为不合格。

（4）在现场连续检验 10 个验收批，抽样试件抗拉强度试验 1 次合格率为 100％时，验收批接头数量可扩大一倍。

7. 质量标准

（1）主控项目。

1）纵向受力钢筋连接方式符合设计要求。

检验方法：全数观察检查。

2）连接套筒的规格和质量必须符合要求。

检验方法：测量和检查出厂合格证。

3）套筒的型式检验报告和连接工艺性能检验的强度报告必须符合要求。

检验方法：检查检验报告单。

4）接头抽样试件检验结果符合国家有关规程规定。

检验方法：检查连接试件报告单。

（2）一般项目。

1）钢筋接头压痕深度不够时应补压。超压者应切除重新挤压。钢套筒压痕的最小直径和总宽度，应符合钢套筒供应厂家提供的技术要求。

2）挤压接头的外观质量检验应符合下列要求：①外形尺寸：挤压后套筒长度应为原套筒长度的 1.10～1.15 倍；或压痕处套筒的外径波动范围为原套筒外径的 0.8～0.9 倍；②挤压接头的压痕道数应符合型式检验确定的道数；③接头处弯折不得大于 4°（即 7/100）；④挤压后的套筒不得有肉眼可见裂缝。

3）接头位置宜设在受力较小处，当需要在高应力部位设置接头时，同一连接区段内Ⅲ级接头的百分率不应大于25%，Ⅱ级接头百分率不应大于50%，Ⅰ级接头的百分率可不受限制，同一受力钢筋不宜设置两个以上接头。

4）接头末端距钢筋弯起点的距离不应小于$10d$。

5）同一连接区段的接头应错开设置；同一连接区段的接头面积率不大于50%。

8. 施工注意事项

（1）接头钢筋宜用砂轮切割机断料。

（2）接头的压痕道数应符合钢筋规格要求的挤压道数，认真检查压痕深度，深度不够的要补压，超深的要切除接头重新连接。

（3）挤压连接操作过程中，遇有异常现象时，应停止操作，检查原因，排除故障后，方可继续进行。

（4）挤压连接施工必须严格遵守操作规程，工作油压不得超过额定压力。

（5）钢筋连接件的混凝土保护层厚度宜满足国家现行标准《混凝土结构设计规范》（GB 50010—2010）（2015年版）中受力钢筋混凝土保护层最小厚度的要求，且不得小于15mm。连接件之间的横向净距不宜小于25mm。

9. 成品保护

（1）在地面预制好的接头要用垫木垫好，分规格码放整齐。

（2）套筒内不得有砂浆等杂物。套筒在运输和储存中，应按不同规格分别堆放整齐，不得露天堆放，防止锈蚀和沾污。

（3）在高处挤压接头时，要搭好临时架子，不得蹬踩接头。

（二）轴向挤压

钢筋轴向挤压套管连接是沿钢筋轴线冷挤压金属套管把插入套管里的两根待连接热轧带肋钢筋紧固连成一体，如

图 5-20 所示。它适用于连接直径 20～32mm 竖向、斜向和水平钢筋。

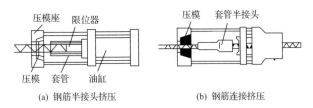

(a) 钢筋半接头挤压　　　　　(b) 钢筋连接挤压

图 5-20　轴向挤压套管连接

钢筋轴向挤压连接是采用另一种压模形式对套筒进行挤压的,它的工作示意图见图 5-21,两根被对接的钢筋插入套筒,然后沿它们的轴线方向进行挤压,使套筒咬合到带肋钢筋的肋间,结合成一体。

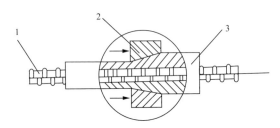

图 5-21　钢筋轴向挤压连接

1—钢筋;2—压模;3—钢套筒

实现轴向挤压连接所用的挤压机也是一种液压机构,而对压模的材质(硬度指标)有较严格的要求,使用不普遍。

三、钢筋套筒螺纹连接

钢筋套筒螺纹连接分锥套筒螺纹和直套筒螺纹两种型式。钢套筒内壁用专用机床加工有螺纹,钢筋的对端头也在套丝机上加工有与套筒匹配的螺纹。连接时,在对螺纹检查无油污和损伤后,先用手旋入钢筋,然后用扭矩扳手紧固至规定的扭矩即完成连接,如图 5-22 所示。钢筋锥螺纹接头是把钢筋的连接端加工成锥形螺纹(简称丝头),通过锥螺纹连接套把两根带丝头的钢筋按规定的力矩值连接成一体的钢筋接头。适用于直径为 16～40mm 的 HRB400 钢筋的连接。现较少使用。

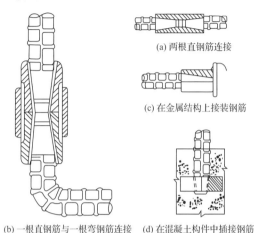

(a) 两根直钢筋连接

(c) 在金属结构上接装钢筋

(b) 一根直钢筋与一根弯钢筋连接　(d) 在混凝土构件中插接钢筋

图 5-22　钢筋锥套筒螺纹连接

直螺纹钢筋连接是通过滚轮将钢筋端头部分压圆并一次性滚出螺纹,如图 5-23 所示,利用螺纹的机械咬合力传递拉力或压力,如图 5-24 所示。它的工作示意图如图 5-25 所示。直螺纹连接适用于连接 HRB400、HRBF400 钢筋,优点是工序简单、速度快、不受气候因素影响。

图 5-23　钢筋直螺纹钢筋连接

图 5-24　钢筋直螺纹钢筋连接现场

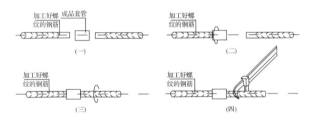

图 5-25　直螺纹钢筋连接流程图

（一）连接套筒

连接套筒有标准型、扩口型、弯径型、正反丝型，如图 5-26 所示。标准型是带右旋内螺纹的连接套筒接套，连接套筒的规格尺寸见表 5-25。扩口型是在标准型连接套的一端增加 45°～60°扩口段，用于钢筋较难对中的场合。变径型带右旋内螺纹的直径连接套，用于连接不同直径的钢筋。正反丝型带左、右旋内螺纹的等直径连接套，用于钢筋不能转动而要求对接的场合。

图 5-26　连接套筒

表 5-25   **连接套筒的规格尺寸**

钢筋直径 /mm	连接套外径 /mm	连接套长度 /mm	螺纹规格 /mm
20	32	40	M24×2.5
22	34	44	M25×2.5
25	39	50	M29×3.0
28	43	56	M32×3.0
32	49	64	M36×3.0
36	55	72	M40×3.5
40	61	80	M45×3.5

连接套筒按钢筋规格划分产品规格如表 5-26 所示。

表 5-26   **按钢筋规格划分连接套筒规格**

项目	要求											
钢筋公称 直径/mm	12	14	16	18	20	22	25	28	32	36	40	50
套筒规 格/mm	12	14	16	18	20	22	25	28	32	36	40	50

连接套筒按基本使用条件分类见表 5-27。

表 5-27   **连接套筒按基本使用条件分类**

序号	使用要求	套筒形式	代号
1	正常情况下钢筋连接	标准型	B
2	用于两端钢筋均不能转动的场合	正反丝扣型	Z
3	用于不同直径的钢筋连接	异径型	Y
4	用于两端钢筋为异径并不能转动的场合	异径正反丝扣型	YZ
5	用于较难对中的钢筋连接	扩口型	K
6	钢筋完全不能转动，通过转动连接套筒 连接钢筋，用锁母锁紧套筒	加锁母型	S

（二）施工机具

直螺纹连接施工中所用的主要机具包括钢筋套丝机、墩粗机、扳手。

钢筋直螺纹滚丝机见图 5-27,使用时把钢筋端头部位一次快速直接滚制使纹丝机头部位产生冷性硬化,从而强度得到提高,使钢筋丝头达到与母材相同。由机架、夹紧机构、进给拖板、减速机及滚丝头、冷却系统、电器系统组成。

图 5-27　钢筋直螺纹滚丝机

（三）螺纹加工

1. 钢筋直螺纹连接的螺纹加工规定

钢筋直螺纹连接的螺纹加工应遵守下列规定:

（1）钢筋接头的直螺纹加工在工厂内进行。

（2）加工的钢筋直螺纹的长度、牙形、螺距等与连接套一致,并经过配套的量规检测合格。螺纹丝扣长度满足相应钢筋的要求,误差不超过规定值。

（3）加工钢筋直螺纹时,采用水溶性切削润滑液,气温低于 0℃时,掺入 15%～20% 的亚硝酸钠,不应用机油润滑或不加润滑液套丝。

（4）钢筋的直螺纹加工后遵照规定逐个检查钢筋直螺纹加工的外观质量。

（5）经自检合格的钢筋直螺纹,每种规格的加工批随机抽检 10%,且不少于 10 个,并遵照规定填写钢筋直螺纹加工检验记录,如有 1 个丝头不合格,该加工批全数检查,不合格丝头重新加工经再次检验合格后方可使用。

(6) 已检验合格的钢筋螺纹头应戴上保护帽,锥螺纹连接的钢筋螺纹头一端也可按接头规定的力矩值拧紧连接套。保护帽在存放及运输装卸过程中不应取下。

2. 螺纹加工步骤

(1) 按钢筋规格所需的调整试棒调整好滚丝头内孔最小尺寸。

(2) 按钢筋规格更换涨刀环,并按规定的丝头加工尺寸调整好剥肋直径尺寸。

(3) 调整剥肋挡块及滚压行程开关位置,保证剥肋及滚压螺纹的长度符合丝头加工尺寸的规定。

(4) 钢筋丝头长度的确定原则:以钢筋连接套筒长度的一半为钢筋丝扣长度,由于钢筋的开始端和结束端存在不完整丝扣,初步确定钢筋丝扣的有效长度见表 5-28。允许偏差为 $0 \sim 2P(P$ 为螺距)。施工中一般按 $0 \sim 1P$ 控制。

表 5-28 钢筋丝头加工参数

钢筋直径/mm	有效螺纹数量/扣	有效螺纹长度/mm	螺距/mm
18	9	27.5	2.5
20	10	30	2.5
22	11	32.5	2.5
25	11	35	3.0
28	11	40	3.0
32	13	45	3.0

3. 钢筋直螺纹滚丝机使用

(1) 加工前的准备。

按要求接好电源线和接地线,接通电源。电源为三相380V 50Hz 的交流电源,为保证人身安全应使用带漏电保护功能的自动开关。冷却液箱中,加足溶性冷却液(严禁加油性冷却液)。

(2) 空车试转。

接通电源。检查冷却水泵工作是否正常。操作按钮,检查电器控制系统工作是否正常。

（3）加工前的调整。

1）根据所加工钢筋的直径,调换与加工直径相适应的滚丝轮。

2）滚丝轮与加工直径相适应后,将与钢筋相适应的对刀棒插入滚轧头中心,调整滚丝轮使之与对刀棒相接触,抽动刀棒,拧紧螺钉,压紧齿圈,使之不得移动。

3）对于固定定位盘的设备根据所加工钢筋直径,调换与加工直径相适应的定位盘（定位盘上打印有加工直径）。对于可调整定位盘的设备按定位盘刻度调整到相应的刻度,当剥肋刀磨损时还需要进行微调。

4）根据所加工钢筋规格,调整剥肋行程档块的位置,保证剥肋长度达到要求值。

（4）工件装夹。

将待加工的钢筋装卡在定心钳口上,伸出长度应与起始位置的滚轧头剥刀片端面对齐,然后扳动手柄夹紧。

（5）操作过程。

1）接通电源,打开冷却水阀门,按下正转起动按钮,即可转动进给手柄,向工件方向进给实现切削,当剥肋长度达到要求时,剥肋刀自动张开,转动手柄继续进给,即可实现滚轧螺纹,当滚丝轮与钢筋接触时一定要用力,并使主轴旋转一周。轴向进给一个螺距长度,当进给到一定程度后,即可实现自动进给,直到整个滚轧过程完成后自动停车,按下反转起动按钮,即可实现自动退刀。

2）当自动退刀结束后顺时针转动进给手柄,将滚轧头退回到初始位置,此时剥肋刀自动复位。卸下加工完成的工件即可。

3）用环规检查螺纹长度,误差在范围内为合格;同时用螺纹通止规检查丝头尺寸,通规能旋入,止规不能旋入或不能完全旋入为合格。

4）滚轧反丝时,先将滚轧头中的滚丝轮任意两个互换位置;再将行程开关压块前后互换位置,并保证行程不变。

5）滚轧反丝时,按下正转起动按钮,转动进给手柄向工件方向进给实现切削,当剥肋长度达到要求时,剥肋刀自动张开,停止进给,此时按下停止按钮停车后,按下反转按钮,滚轧头反向旋转,操纵手柄继续进给,即可滚轧反扣螺纹,当滚丝轮与钢筋接触时,一定要用力,并使主轴转一周,轴向进给一个螺距长度,当进给到一定程度后,即可实现自动进给,直到整个滚轧过程完成后自动停车。按下正转起动按钮,即可实现自动退刀。

（6）刀具重磨与更换。

1）剥肋刀切削一定数量钢筋,刀刃会变钝,此时应将剥肋刀拆下,将刀具的前刃面磨去 0.2～0.3mm（严禁磨刀刃顶面）,安装后即可重新使用。

2）剥肋刀刀口崩裂不能正常切削时,可更换新刀片。

3）滚丝轮滚轧一定数量的丝头后,因磨损牙形损坏,不能滚轧出合格丝头时,应该及时更换新滚丝轮。

4）在更换新的滚丝轮时,调整螺距的垫圈必须安装正确,否则不能正常工作。

（7）钢筋直螺纹滚丝机使用注意事项：

1）冷却液体必须使用水溶性乳化冷却液,严禁使用油性冷却液,更不可用普通润滑油代替。

2）没有冷却液时严禁滚轧加工螺纹。

3）待加工的钢筋端部应平整,必须用无齿锯下料。且在端部 500mm 长度范围内应圆直,不允许弯曲,更不允许将气割或切断机下料的端头直接加工。

4）在初始切削时进给应均匀,切勿猛进,以防刀刃崩裂。

5）滑道及滑块应定期清理并涂油。

6）铁屑应及时清理干净。

7）冷却液体箱半月清理一次。

8）减速器应定期加油,保持规定油位。

9）滚压机应定期进行保养。

10）机床的机壳必须可靠接地后再使用。

4. 直螺纹加工质量检验方法

（1）螺纹牙形检验：牙形饱满、牙顶宽超过 0.6mm，秃牙部分不超过一个螺纹周长，螺丝扣长度满足要求为合格。

（2）螺纹大径检验：采用光面轴用量规检测。通端量规能通过螺纹的大径，而止端量规则不能通过螺纹大径为合格，如图 5-28 所示。

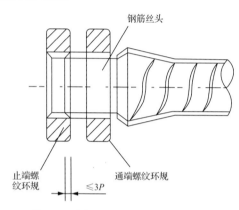

图 5-28　直螺纹丝头螺纹大径检验示意图

（3）螺纹中径及小径检验：采用螺纹环规检测。通端螺纹环规能顺利旋入螺纹并达到旋合长度，止端螺纹环规与端部螺纹部分旋合，旋入量不超过 3P（P 为螺距）为合格，如图 5-29 所示。

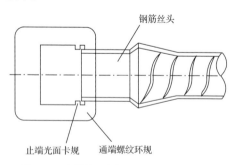

图 5-29　直螺纹丝头螺纹中小径检验示意图

（4）直螺纹连接套的检验:外观无裂纹或肉眼可见缺陷,长度及外形尺寸符合设计要求;采用光面塞规检验时,通端塞规能通过螺纹的小径,而止端塞规则不能通过螺纹小径;采用螺纹塞规检验时,通端塞规能顺利旋入连接套筒两端并达到旋合长度,而止端螺纹塞规不能通过连接套筒内螺纹,但允许从套筒两端部分旋合,旋入量不超过 $3P$ 为合格,如图 5-30 和图 5-31 所示。

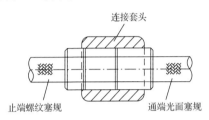

图 5-30 直螺纹套筒小径检验示意图

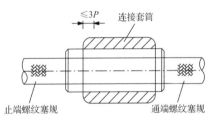

图 5-31 直螺纹套筒中大径检验示意图

（5）钢筋锥(直)螺纹加工检验记录。钢筋锥(直)螺纹加工检验记录见表 5-29。

（6）机械连接接头型式检验。

在确定接头性能等级、材料、工艺、规格进行改动、质量监督部门提出专门要求等时应进行型式的检验。

用于型式检验的钢筋母材性能除应符合有关标准的规定外,其屈服强度及抗拉强度实测值分别不宜大于相应屈服强度和抗拉强度标准值的 1.1 倍。当实测大于 1.1 倍标准值时,对Ⅰ级接头,接头的单向拉伸强度实测值还应不小于 0.9 倍钢筋实际抗拉强度。

表 5-29 钢筋锥(直)螺纹加工检验记录

工程名称		所在部位			
接头数量		抽检数量		构件种类	
序号	钢筋规格	牙形检验	小直径检验	检验结论	
注：1. 按每批加工钢筋锥螺纹头数的 10% 进行检验。					
2. 牙形合格，小端直径合格的打"√"；否则打"×"。					

检查单位：＿＿＿＿　检查人员：＿＿＿＿　日期：＿＿＿＿　负责人：＿＿＿＿

图 5-32 中型式检验的接头试件尺寸应符合表 5-30 的要求。

对每种型式、级别、规格、材料、工艺的机械连接接头，型式检验试件不应少于 12 个；其中单向拉伸试件不应少于 6 个，高应力反复拉压试件不应少于 3 个，大变形反复拉压试件不应少于 3 个。同时，还应取 3 根同批、同规格钢筋试件做力学性能试验。

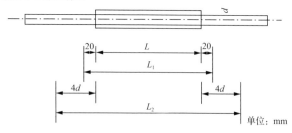

图 5-32 型式检验接头试件尺寸

表 5-30　　　　　　　　　　**型式检验接头试件尺寸**

项次	符号	含义	尺寸/mm
1	L	接头试件连接长度	实测
2	L_1	接头试件割线模量及残余变形量测标距	$L+40$
3	L_2	接头试件极限应变的量测标距	$L+8d$
4	d	钢筋直径	公称直径

型式检验的加载制度应按规定进行,其合格条件如下:

1) 强度检验,每个试件的实测值均应符合表 5-31 规定的相应性能等级的检验指标。

表 5-31　　　　　　　　　　**型式检验接头强度检验**

等级		Ⅰ级	Ⅱ级	Ⅲ级
单向拉伸	抗拉强度	f_{mst}^0 断于钢筋或 $f_{mst}^0 \geqslant 1.1 f_{stk}$ 断于接头	$f_{mst}^0 \geqslant f_{stk}$	$f_{mst}^0 \geqslant 1.25 f_{yk}$
	残余变形 /mm	$\mu \leqslant 0.10(d \leqslant 32)$ $\mu \leqslant 0.14(d > 32)$	$\mu \leqslant 0.14(d \leqslant 32)$ $\mu \leqslant 0.16(d > 32)$	$\mu \leqslant 0.14(d \leqslant 32)$ $\mu \leqslant 0.16(d > 32)$
	最大力总伸长率	$A_{sgt} \geqslant 6.0\%$	$A_{sgt} \geqslant 6.0\%$	$A_{sgt} \geqslant 3.0\%$
高应力反复拉压	残余变形 /mm	$\mu_{20} \leqslant 0.3$	$\mu_{20} \leqslant 0.3$	$\mu_{20} \leqslant 0.3$
大变形反复拉压	残余变形 /mm	$\mu_4 \leqslant 0.3$ 且 $\mu_8 \leqslant 0.6$	$\mu_4 \leqslant 0.3$ 且 $\mu_8 \leqslant 0.6$	$\mu_8 \leqslant 0.6$

注:1. f_{mst}^0—接头试件实测抗拉强度,MPa;f_{stk}—钢筋抗拉强度标准值,MPa;f_{yk}—钢筋屈服强度标准值,MPa;A_{sgt}—接头试件的最大力总伸长率,%;μ—接头试件加载至 $0.6f_{yk}$ 并卸载后在规定标距内的残余变形,mm;d—钢筋公称直径,mm;μ_4—按表 5-31 加载制度经大变形反复拉压 4 次后的残余变形,mm;μ_8—按表 5-31 加载制度经大变形反复拉压 8 次后的残余变形,mm;μ_{20}—按表 5-31 加载制度经高应力反复拉压 20 次后的残余变形,mm。

2. 当频遇荷载组合下,构件中钢筋应力明显高于 $0.6f_{yk}$ 时设计部门可对单向拉伸残余变形的加载峰值提出调整要求。

2）割线模量、极限应变、残余变形检验：每组试件的实测平均值应符合表 5-31 规定的相应性能等级的检验指标。

接头性能检验的试验方法应按表 5-32 的加载制度进行。

型式检验应由国家、省部级主管部门认可的检测机构进行，并出具试验报告和评定结论。

表 5-32　　　　　接头型式检验的加载制度

试验项目	加载制度	
单向拉伸	$0 \to 0.6f_{yk} \to 0$（测量残余变形）→ 最大拉力（记录抗拉强度）→ 0（测定最大力总伸长率）	
高应力反复拉压	$0 \to (0.9f_{yk} \to -0.5f_{yk}) \to$ 破坏（反复 20 次）	
大变形反复拉压	Ⅰ级、Ⅱ级	$0 \to (2\varepsilon_{yk} \to -0.5f_{yk}) \to (5\varepsilon_{yk} \to -0.5f_{yk}) \to$ 破坏（反复 4 次）　　　　（反复 4 次）
	Ⅲ级	$0 \to (2\varepsilon_{yk} \to -0.5f_{yk}) \to$ 破坏（反复 4 次）

5. 钢筋机械连接接头现场施工记录

施工现场挤压接头外观检查记录见表 5-33。

接头试件型式检验报告见表 5-34。

表 5-33

施工现场挤压接头外观检查记录

工程名称						构件类型	
验收批号		验收批数量				抽检数量	

外观检查内容	连接钢筋直径/mm	压痕处套筒外径（或挤压后套筒长度）/mm		规定挤压道次		套筒外径或长度/mm 接头外径或长度/mm		接头弯折≤4°		套筒无肉眼可见裂缝	
		合格	不合格	合格	不合格	合格	不合格	合格	不合格	合格	不合格
外观检查不合格接头编号	1										
	2										
	3										
	4										
	5										
	6										
	7										
	8										
	9										
	10										
评定结论											

注：1. 接头外观检查抽检数应不少于验收批接头数量的 10%。

2. 外观检查内容共四项，其中压痕处套筒外径（或挤压后套筒长度）、挤压道次、二项的合格标准由产品供应单位根据型式检验结果提供，接头弯折≤4°为合格。

3. 仅要求对外观检查合格接头作记录，四项外观检查内容中，任一项不合格即为不合格，记录时可以在合格与不合格栏中打"√"。

4. 外观检查不合格接头数超过抽检数的 10% 时，该验收批外观质量评为不合格。

检查人：　　　　负责人：　　　　日期：

表5-34

接头试件型式检验报告

接头名称		送检试件数量					
送检单位					送检日期		
接头试件	连接件示意图	设计接头等级				I级	II级
		连接件各部位尺寸/mm					
		连接件原材料					
		连接工艺参数					
基本参数	钢筋母材编号	1	2	3	4	5	6
	钢筋直径/mm						
	实际面积/mm²						
	屈服强度/MPa						
	抗拉强度/MPa						
	弹性模量/MPa						
试验结果	试件编号	No.1	No.2	No.3	No.4	No.5	No.6
	单向拉伸 强度/MPa						
	割线模量/MPa						
	极限应变/%						
	残余变形/mm						
	高应力反复拉压 强度/MPa						
	割线模量/MPa						
	残余变形/mm						
	大变形反复拉压 强度/MPa						
	残余变形/mm						
	评定结论						

注：接头试件基本参数栏应详细记录。对套筒挤压接头，应包括套筒长度、外径、内径、挤压道次、挤压力（kN）、压痕处平均直径（或对压后套筒长度）、压痕总宽度。对锥螺纹接头，应包括连接套长度、外径、内径、锥度、牙形角、牙形角平分线或垂直于钢筋轴线的偏差值（N·m）、可加顶端描述、盖章有效。

负责人：

校核：

试验单位：

实验员：

第六章

钢筋的绑扎与安装

绑扎连接是钢筋连接的主要方法,分预先绑扎的安装和现场模内绑扎两种,其基本做法是,先将钢筋按规定长度搭接,再将交叉点用铁丝绑牢。

钢筋的绑扎与安装是钢筋施工的最后工序,钢筋的绑扎安装工作一般采用预先将钢筋在加工车间弯曲成型,再到模内组合绑扎的方法。如果现场的起重安装能力较强,也可以采用预先焊接或绑扎的方法将单根钢筋组合成钢筋网片或钢筋骨架,然后到现场吊装。在一些复杂结构的钢筋施工中,还需要采用先弯曲成型后模内组合绑扎的方法。

第一节　钢筋绑扎的操作工艺

特别提示

《混凝土结构设计规范》(GB 50010—2010)(2015年版)规定:轴心受拉及小偏心受拉杆件的纵向受力钢筋不得采用绑扎搭接处理。

一、施工准备工作

在混凝土工程中,模板安装、钢筋绑扎与混凝土浇筑是立体交叉作业的,为了保证质量、提高效率、缩短工期,必须在钢筋绑扎安装前认真做好以下准备工作。

1. 图纸、资料的准备

(1)熟悉施工图。施工图是钢筋绑扎安装的依据。熟悉施工图的目的:是弄清各个编号钢筋形状、标高、细部尺寸,安装部位,钢筋的相互关系,确定各类结构钢筋正确合理的绑扎顺序。同时若发现施工图有错漏或不明确的地方，应及时与有关部门联系解决。

（2）核对配料单及料牌。依据施工图，结合规范对接头位置、数量、间距的要求，核对配料单及料牌是否正确，校核已加工好的钢筋的品种、规格、形状、尺寸及数量是否合乎配料单的规定，有无错配、漏配。

（3）确定施工方法。根据施工组织设计中对钢筋安装时间和进度的要求，研究确定相应的施工方法。例如，哪些部位的钢筋可以预先绑扎好，工地模内组装；哪些钢筋在工地模内绑扎安装；钢筋成品和半成品的进场时间、进场方法、劳动力组织等。

2. 工具、材料的准备

（1）工具准备。应备足扳手、铁丝、小撬棍、绑扎架、钢筋钩、画线尺、水泥（混凝土）垫块、撑铁（骨架）等常用工具。

（2）了解现场施工条件。包括运输路线是否畅通，材料堆放地点是否安排的合理等。

（3）检查钢筋的锈蚀情况，确定是否除锈和采用哪种除锈方法等。

3. 现场施工的准备

（1）施工图放样。正式施工图一般仅一两份，一个工程往往又有几个不同部位同时进行，所以，必须按钢筋安装部位绘出若干草图，草图经校核无误后，才可作为绑扎依据。

（2）钢筋位置放线。若梁、板、柱类型较多时，为避免混乱和差错，还应在模板上标示各种型号构件的钢筋规格、形状和数量。为使钢筋绑扎正确，一般先在结构模板上用粉笔按施工图标明的间距画线，作为摆料的依据。通常平板或墙板钢筋在模板上画线；柱箍筋在两根对角线主筋上画点；梁箍筋在架立钢筋上画点；基础的钢筋则在固定架上画线或在两向各取一根钢筋上画点。钢筋接头按规范对于位置、数量的要求，在模板上画出。

（3）做好互检、自检及交检工作。在钢筋绑扎安装前，应会同施工员、木工、水电安装工等有关工种，共同检查模板尺寸、标高,确定管线、水电设备等的预埋和预留工作。

4. 混凝土施工过程中的注意事项

在混凝土浇筑过程中,混凝土的运输应有畅道的通道。运输混凝土不能损坏成品钢筋骨架。应在混凝土浇筑时派钢筋工现场值班,及时修整移动的钢筋或扎好松动的绑扎点。

二、钢筋绑扎

1. 钢筋的绑扎接头

根据施工规范规定:直径在 25mm 以下的钢筋接头,可采用绑扎接头。轴心受压、小偏心受拉构件和承受振动荷载的构件中,钢筋接头不得采用绑扎接头。

钢筋绑扎采用应遵守以下规定:

(1) 受拉区域内光圆钢筋绑扎接头的末端应做弯钩。

(2) 梁、柱钢筋绑扎接头的搭接长度范围内应加密箍筋。绑扎接头为受拉钢筋时,箍筋间距不应大于 $5d$(d 为两搭接钢筋中较小的直径),且不大于 100mm;绑扎接头为受压钢筋时,其箍筋间距不应大于 $10d$,且不大于 200mm。箍筋直径不应小于较大搭接钢筋直径的 0.25 倍。

(3) 搭接长度不应小于表 6-1 规定的数值。纵向受拉钢筋搭接长度还应根据搭接接头连接区段接头面积百分率进行修正,修正长度满足 SL 191 要求。

表 6-1　　　　　　　　　　绑扎接头最小搭接长度

项次	钢筋类型	混凝土设计龄期抗压强度标准值/MPa									
		15		20		25		30,35		≥40	
		受拉	受压	受拉	受压	受拉	受压	受拉	受压	受拉	受压
1	HPB300 级钢筋	$50d$	$35d$	$40d$	$25d$	$30d$	$20d$	$25d$	$20d$	$25d$	$20d$
2	HRB400 级钢筋	—	—	$55d$	$40d$	$50d$	$35d$	$40d$	$30d$	$35d$	$25d$
3	冷轧带肋钢筋	—	—	$50d$	$35d$	$40d$	$30d$	$35d$	$25d$	$30d$	$20d$

注:1. 当牙纹钢筋直径 $d>25$mm 时,最小搭接长度按表中数值增加 $5d$。

2. 表中 HPB300 级光圆钢筋的最小锚固长度值不包括端部弯钩长度,当受压钢筋为 HPB300 级钢筋,末端无弯钩时,其搭接长度不小于 $30d$。

3. 如在施工中分不清受压区或受拉区时,搭接长度按受拉区处理。

2. 常用绑扎工具

钢筋绑扎的常用工具有:

(1) 钢筋钩。钢筋钩是用得最多的绑扎工具。其基本形式如图 6-1、图 6-2 所示。常用直径为 12～16mm、长度为 160～200mm 的圆钢筋加工而成,根据工程需要还可以在其尾部加上套筒或小把扳口等。

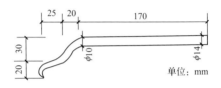

图 6-1 钢筋钩制作尺寸

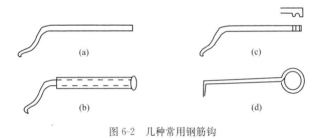

图 6-2 几种常用钢筋钩

(2) 小撬棍。主要用来调整钢筋间距,矫直钢筋的局部弯曲,垫保护层砂浆(混凝土)垫块等,如图 6-3 所示。

图 6-3 小撬棍

(3) 起拱扳子。一般楼板的弯起钢筋不是预先弯曲成型的,而是将弯起钢筋与分布钢筋绑扎成网片以后,再用起拱扳子将弯起钢筋弯成设计要求。起拱扳子的形状和操作方法如图 6-4 所示。

(4) 绑扎架。为了确保绑扎质量,绑扎钢筋骨架必须用

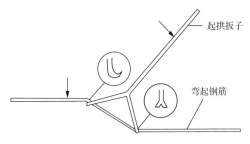

图 6-4　起拱扳子及操作

钢筋绑扎架,根据绑扎骨架的轻重、形状,可选用如图 6-5 至图 6-7 所示的相应形式绑扎架。其中图 6-5 为轻型骨架绑扎架,适用于绑扎过梁、空心板、槽形板钢筋骨架;见图 6-6 为重型骨架绑扎架,适用于绑扎重型钢筋骨架;图 6-7 为坡式骨架

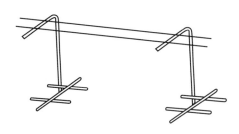

图 6-5　轻型骨架绑扎架

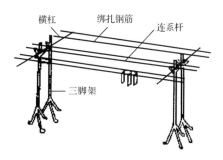

图 6-6　重型骨架绑扎架

绑扎架,具有重量轻、用钢量省,施工方便(扎好的钢筋骨架可以沿绑扎架的斜坡下滑)等优点,适用于绑扎各种钢筋骨架。

图 6-7　坡式骨架绑扎架

目前,有的工地采用了钢筋绑扎机,它是一种手持式电池类钢筋快速捆扎工具,如图 6-8 所示。它是一种智能化工具,内置微控制器,能自动完成钢筋捆扎所有步骤,钢筋绑扎机主要由机体、专用线盘、电池盒、充电器四部分组成。

图 6-8　钢筋绑扎机

目前按可以适应的范围分,钢筋绑扎机主要有 24mm、40mm、65mm 等几个主要型号,可以捆扎钢筋的最大直径范围分别可以达到 24mm、40mm、65mm。该产品中的中小型号需要消耗 0.8mm 的镀锌铁丝,铁丝被绕在一个特制的线盘里面,线盘在装入机器里就可以操作使用了。每卷铁丝长 95~100m。而机器根据型号或者设定的不同,可以捆扎 2 圈或者 3 圈,这样每卷线盘可以捆扎 150~270 个钢筋点数。

3. 钢筋绑扎用铁丝

绑扎钢筋用的铁丝主要规格为 20~22 号的镀锌铁丝或绑扎钢筋专用的火烧丝。22 号铁丝宜用于绑扎直径 12mm 以下的钢筋,绑扎直径 12~25mm 钢筋时,宜用 20 号铁丝。钢筋绑扎所需铁丝的长度可参考表 6-2。

表 6-2   **钢筋绑扎铁丝所需长度**   (单位:cm)

钢筋直径/mm	3~4	5	6	8	10	12	14	16	18	20	22	25	28	32
3~4	11	12	12	13	14	15	16	18	19					
5		12	13	13	14	16	17	18	20	21				
6			13	14	15	18	19	21	23	25	27	30	32	
8				15	17	18	21	23	26	28	30	33		
10					18	19	20	22	24	25	26	28	31	34
12						20	22	23	25	26	27	29	31	34
14							23	24	25	27	28	30	31	35
16								25	26	28	30	31	33	36
18									27	30	31	33	35	37
20										31	32	34	36	38
22											34	35	37	39

4. 绑扎方法

绑扎钢筋是借助钢筋钩用铁丝把各种单根钢筋绑扎成整体网片或骨架。

钢筋的绑扎应顺直均匀、位置正确。钢筋绑扎的操作方法有一面顺扣法、十字花扣法、反十字花扣法、兜扣法、缠扣法、反十字缠扣法、套扣法等，较常用的是一面顺扣法，见表6-3。

表 6-3 钢筋绑扎的基本方法

名称	绑法			名称	绑法		
一面顺扣				兜扣			
十字花扣							
反十字花扣				缠扣			
				反十字缠扣			
				套扣			

（1）一面顺扣操作法：这是最常用的方法，具体操作如图6-9所示。绑扎时首先将已切断的扎丝在中间折合成180°弯，然后将扎丝清理整齐。绑扎时，执在左手的扎丝应靠近钢筋绑扎点的底部，右手拿住钢筋钩，食指压在钩前部，用钩尖端钩住扎丝底扣处，并紧靠扎丝开口端，绕扎丝拧转两圈

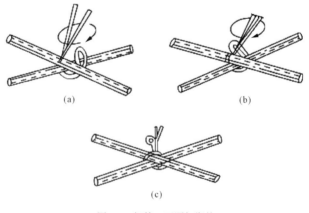

(a)　　　　　　　　　　(b)

(c)

图 6-9　钢筋一面顺扣绑扎

套半,在绑扎时扎丝扣伸出钢筋底部要短,并用钩尖将铁丝扣紧。为使绑扎后的钢筋骨架不变形,每个绑扎点进扎丝扣的方向要求交替变换90°。

（2）其他操作法:钢筋绑扎除一面顺扣操作法之外,还有十字花扣、反十字花扣、兜扣、缠扣、反十字缠扣、套扣等,这些方法主要根据绑扎部位的实际需要进行选择,其形式见表6-3。十字花扣、兜扣适用于平板钢筋网和箍筋处绑扎;缠扣主要用于墙钢筋和柱箍的绑扎;反十字花扣、兜扣加缠适用于梁骨架的箍筋与主筋的绑扎;套扣用于梁的架立钢筋和箍筋的绑口处。

三、钢筋绑扎的操作要点

（1）画线时应画出主筋的间距及数量,并标明箍筋的加密位置。

（2）板类钢筋应先排主筋后排副筋;梁类钢筋一般先摆纵筋。摆筋时应注意按规定将受力钢筋的接头错开。

（3）受力钢筋接头在同一截面($35d$ 区段内,且不小于500mm),有接头的受力钢筋截面面积占受力钢筋总截面面积的百分率应符合相关规定。

（4）箍筋的转角与其他钢筋的交点均应绑扎,但箍筋的平直部分与钢筋的相交点可呈梅花式交错绑扎。箍筋的弯钩叠合处应错开绑扎。应交错绑扎在不同的架立钢筋上。

（5）绑扎钢筋网片采用一面顺扣绑扎法,相邻两个绑点应呈八字形,不要互相平行以防骨架歪斜变形,见图6-10。

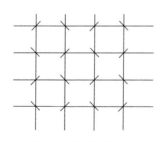

图 6-10　绑扎钢筋网片

（6）预制钢筋骨架绑扎时要注意保持外形尺寸正确,避免入模安装困难。

（7）在保证质量、提高工效、加快进度、减轻劳动强度的原则下,研究预制方案。方案应分清预制部分和模内绑扎部分,以及两者相互的衔接,避免后续工序施工困难甚至造成返工现象。

第二节 构件钢筋绑扎

一、基础钢筋绑扎

对于独立基础进行钢筋绑扎前,首先要了解基础的轴线,注意基础的轴线并不一定是基础的中心线,图 6-11 就是一个例子。图中 A 轴线和基础中心线偏了 100mm,⑩轴线和基础中心线偏了 500mm,所以在钢筋画线时要注意。钢筋画线应按照钢筋间距从中向两边分,把线画在基础垫层上。在放置钢筋时,要把基础底面短边的钢筋放在长边钢筋的上

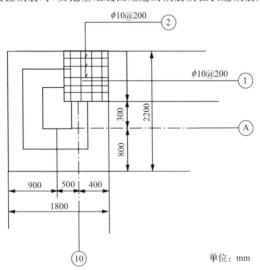

单位:mm

图 6-11 独立基础

面。图 6-11 中应将①号钢筋放在下面，并按线摆开，然后在①号钢筋两端绑上②号钢筋，以固定①号钢筋位置，接着再铺其他的②号钢筋。

绑扎双向为主筋的钢筋网时，必须把钢筋全部交叉点都扎牢。而单向为主筋的钢筋网的绑扎，对四周、两行钢筋交叉点，每点都要扎紧，中间部分每隔一根相互成梅花式扎牢，绑扎中要注意相邻绑扎点的铁丝扣要成八字形，以免钢筋网片倾斜变形。

基础底板采用双层钢筋网配筋时（如钢筋混凝土筏式基础、箱形基础等），应该用钢筋撑脚或砂浆垫块将上层钢筋网支撑起来，以确保钢筋安装的准确位置。上层钢筋网有弯钩应朝下，而下层钢筋网有弯钩应朝上，不可以倾斜倒向一边。

现浇柱与基础连接，必须要用插筋，如图 6-12 中的⑨号钢筋，插筋下端用 90°弯钩与基础钢筋绑扎在一起。插筋位置必须准确，并且要固定牢靠，以免在浇灌基础混凝土时将插筋位置移动，使柱钢筋与插筋的连接发生困难，造成柱轴线位置偏移，影响工程质量。所以，一般当插筋安装完毕，并按轴线将位置校核后，就要用固定架固定在设计要求的位置上，在浇筑混凝土时要随时注意校正，防止插筋发生歪斜。

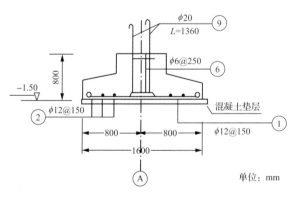

图 6-12　现浇柱与基础连接

对于比较复杂的基础,钢筋组成也比较复杂,有各种直径、形状和不同长度,这给钢筋的绑扎造成一定的困难。因此,在绑扎前一定要研究合理的钢筋绑扎安装顺序。在配料时,对于某些部位过长的钢筋还应考虑配成搭接方式,以利绑扎安装。其次对于基础的中心线位置、基础各层标高、预埋件穿管、留洞的位置、尺寸都要合理布置,做到心中有数,以免绑扎时搞错,造成漏绑扎或返工。

设备基础的面积大,且比较高,所以一般都配置有双层钢筋。为了保证上层钢筋网的位置正确,并且不致因钢筋自重产生挠曲,所以在绑扎设备基础时,可以按照上下两层网的间距设置支架,以固定上层钢筋网。支架一般用钢筋制成,支架的直径、形式和搁置间距可根据设备基础钢筋网形状决定。

二、柱内钢筋的绑扎

首先根据设计要求计算好柱子所需箍筋的个数,并按照箍筋的接头(弯钩叠合处)应交错布置在柱的四个角的纵向钢筋上的规定,将箍筋逐个整理好,套在从基础或底板伸出的插筋上。然后立柱子钢筋,与插筋的接头绑好,绑扣要向里,便于箍筋向上移动。箍筋转角与纵向钢筋交叉点均应绑扎牢固,而箍筋的平直部分与纵向钢筋交叉点可间隔扎牢。绑扎箍筋时,绑扣相互间应成八字形。柱纵向钢筋设有弯钩时应使弯钩朝向柱心。

下层柱的钢筋露出楼面部分,宜向内收缩一个柱筋直径,以利上层柱的钢筋搭接。当柱截面变小时,其下层柱钢筋的露出部分,必须在绑扎梁之前,先行准确收缩完毕。

框架梁、牛腿及柱帽等的钢筋,应放在柱的纵向钢筋内侧。

三、板与梁内钢筋的绑扎

板的钢筋绑扎参考基础的钢筋绑扎,两者基本要求相同。但对于配置在板的上部的钢筋是绝对不能漏掉或错配的,如果在施工过程中被踩倒,必须修理到正确的位置,否则就会造成工程质量事故,致使悬臂构件断裂,甚至造成人身伤亡事故。

　　梁的箍筋接头(弯钩叠合处)应交错绑扎在两根架立钢筋上。梁内纵向受拉钢筋采用双排配筋时,两层钢筋之间应垫以直径≥6mm的短钢筋或水泥砂浆垫块,以保证双排配筋的设计间距,以便使混凝土能充分包裹住钢筋。板、次梁与主梁交叉处,板的钢筋在上,次梁的钢筋居中,主梁的钢筋在下,如图6-13所示。当有圈梁或垫梁时,主梁钢筋在上,如图6-14所示。

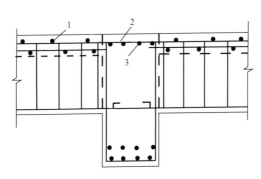

图 6-13　板、次梁与主梁交叉处钢筋
1—板的钢筋;2—次梁钢筋;3—主梁钢筋

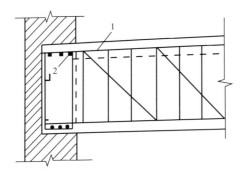

图 6-14　主梁与垫梁交叉处钢筋
1—主梁钢筋;2—垫梁钢筋

第三节　水工建筑物钢筋绑扎

一、圆形断面隧洞钢筋安装

圆形隧洞钢筋,在水利水电建设工地上是常见的圆弧钢筋。由于隧洞长度较大,在钢筋图上,除了注明断面桩号位置的纵剖面图外,大部分是横剖面钢筋图,表示出不同桩号地段隧洞的钢筋布置。

隧洞在结构设计时,由于地质条件不同,设计工作条件的差异,对相同直径的隧洞在沿洞长方向的不同桩号地段。其钢筋布置和衬砌厚度也略有不同,且有单层或双层钢筋布置。

近年来,在隧洞混凝土衬砌施工中,为了加快施工进度和提高结构的整体性,减少施工缝,多采用混凝土泵浇筑,全断面衬砌。若采用分块浇筑时,一般先浇筑底拱混凝土,再接浇边拱、顶拱部分的混凝土。

圆洞钢筋有四处接头。顶拱和底拱钢筋各有两处接头。由于洞内进行钢筋绑扎时,工作面狭窄,且底拱钢筋接头施焊操作不便,又多是立焊,速度慢。因此,多采用绑扎接头(但在大直径圆洞的钢筋接头,也采用焊接接头)。顶拱接头可用绑扎或焊接,也可以采用一半绑扎一半焊接的方法,其目的是减少接头处钢筋的消耗。圆洞钢筋布置如图 6-15 所示,多是双层配筋,内外层钢筋分底拱、边拱、顶拱钢筋三段组成。配筋设计的规律是:内层顶拱、底拱钢筋直径较粗些,而边拱采用细直径的钢筋。外层边拱钢筋直径较粗,顶拱钢筋细。这是由隧洞压力条件所决定的。配筋型式:多将底拱、顶拱钢筋做成相同长度,而在边拱钢筋留有搭接长度。

底拱和顶拱钢筋圆弧段夹角多在 $80°\sim90°$;而边拱钢筋夹角在 $100°$左右。

单根钢筋的长度,可根据隧洞半径、夹角计算出它的圆弧长度,再加弯钩和搭接长度来计算求得,如图 6-16 所示。如边拱钢筋⑲$\phi22$,半径 $R=282cm$,夹角 $\alpha=100°$,弧度值$A=$

0.8725 时：

　　　　钢筋弧长：$s=0.8725 \times 282 = 246(\text{cm})$

　　　　两端弯钩长度：$2 \times 5d = 10 \times 2.2 = 22(\text{cm})$

　　　　两个绑扎接头长度：$2 \times 30d = 60 \times 2.2 = 132(\text{cm})$

　　　　边拱钢筋断料长度：$246 + 22 + 132 = 400(\text{cm})$

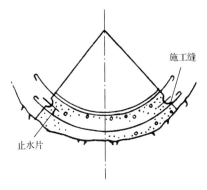

图 6-15　底拱混凝土浇筑

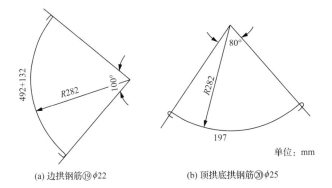

(a) 边拱钢筋⑲$\phi 22$　　　　　　　(b) 顶拱底拱钢筋⑳$\phi 25$

图 6-16　圆弧钢筋

同样，可计算出⑳底拱、顶拱部位的钢筋长度：

　　钢筋弧长：$s=0.6981 \times 282 = 197(\text{cm})$

　　弯钩长度：$10d = 10 \times 2.5 = 25(\text{cm})$

　　断料长度：$197 + 25 = 222(\text{cm})$

若采用一半绑扎一半焊接,搭接长度应有变化。

下面举例说明圆形断面隧洞钢筋的安装方法。

某电站工程,洞径 5.5m 圆形隧洞钢筋安装,如图 6-17 所示。该工地隧洞采用全断面衬砌。木模和钢筋重量全部落在架铁钢筋上。对于洞径不同时,架铁插筋直径也有不同(防止插筋压弯变形)。垂直插筋直径 28~32mm 光圆钢筋,插入孔内(手风钻孔)卡紧(防止摇动拔出)。孔深 40cm 左右。其水平架铁可采用圆钢筋或角钢。垂直插筋布置的排距、孔距视底拱钢筋长度大小来决定。

(1)底拱钢筋架铁布置。架铁高程计算是很重要的一项工作。圆弧钢筋在加工后,运输时会产生变形。要用正确的架铁来固定底拱钢筋的正确位置。以免钢筋安装时偏离中线,给模板安装带来困难。由于内层和外层钢筋都搁置在架铁上,因此,必须确定架铁高程,才能正确定位。

由图 6-18 所示,当隧洞半径 $R=275$cm,衬砌厚度为 60cm,混凝土保护层厚度 $\delta=5$cm,架铁间距为 150cm 时,则内层水平架铁高程:

半径 $R_1=R+\delta+d=275+5+2.2=282.2$(cm)

$R_1^2=282.2^2\approx79637$

$L^2=150^2=22500$

$OA_1=\sqrt{79637-22500}=239.1$(cm)

因此,底拱混凝土表面到架铁 B_1 点的垂直高差为 $\Delta h_2=293.9-275\approx19$cm。

由上述计算,即可求得上、下层架铁的精确高程。

上层架铁高程=底拱混凝土面高程向上量 36cm;

下层架铁高程=底拱混凝土面高程向下量 19cm;

中心架铁高程=底拱混凝土面高程向下量 7.2cm。

基础开挖清基后,在顺水流方向,用手风钻打插筋孔(间距 1~1.5m),将圆钢筋 ϕ28 插入孔内卡紧。三排垂直孔插筋插完后检查间距,以免间距误差造成高程变化。

首先,将浇筑块长度上两端断面高程(混凝土表面高程)引到垂直插筋上,画好记号。顺水流方向按此高程牵通麻线,

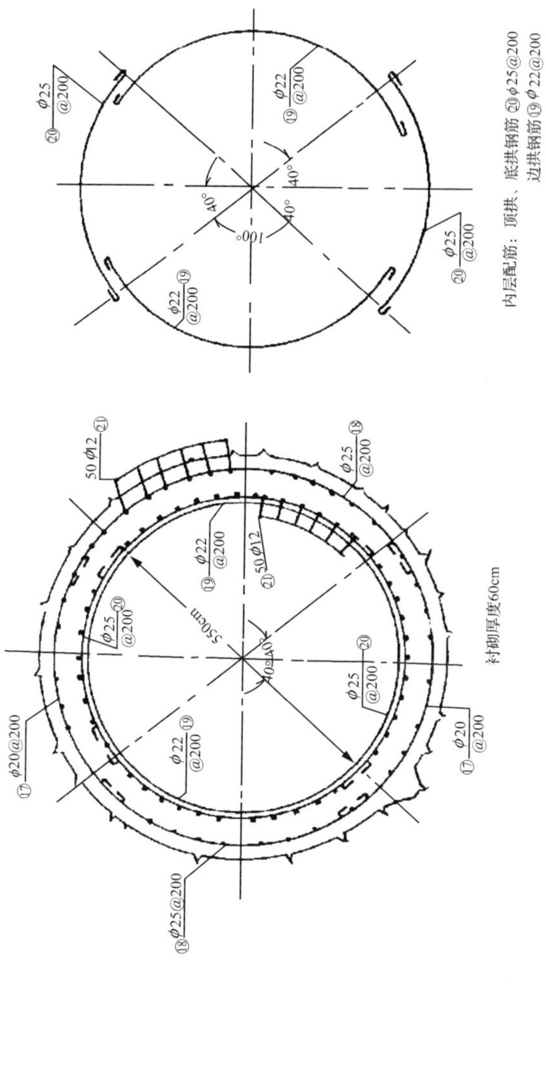

内层配筋：顶拱、底拱钢筋 ⑳ φ25@200
边拱钢筋 ⑲ φ22@200

图 6-17　圆断面隧洞钢筋图

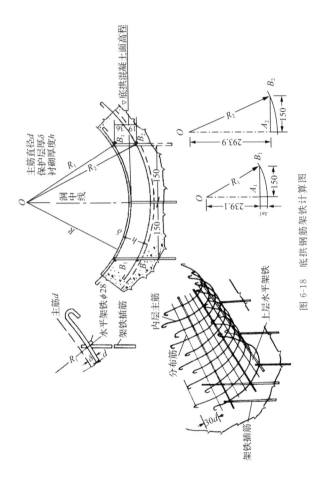

图 6-18 底拱钢筋架铁计算图

即可画出一排每根插筋的高程。画好高程线后,即可将水平架铁焊在每根插筋上,如图 6-19 所示。先焊下层钢筋的水平架铁,绑扎外层钢筋(主筋和分布筋);再焊上层钢筋的水平架铁,绑扎内层钢筋(主筋和分布筋)。进而用点焊加固,以保持三排架铁位置不变。

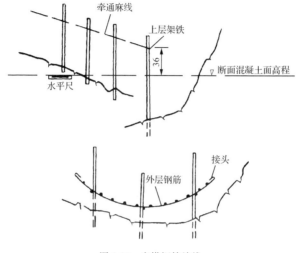

图 6-19　底拱钢筋放线

（2）边拱、顶拱钢筋安装。底拱双层钢筋绑扎完毕后,在全断面衬砌时,需等待洞身拱架、模板安装后,才能进行边拱、顶拱钢筋的安装。

安装边拱钢筋时,如图 6-20 所示。在已安装的模板上钉好扒钉,焊上一根架铁,使其高度与混凝土保护层厚度相同。即可开始绑扎钢筋。一人在下面底拱绑扎接头,一人在洞身腰线处布铁、排间距绑扎钢筋。安装外层钢筋时,先在内层钢筋上焊好“人”字铁,再焊水平架铁。“人”字铁高度应满足衬砌厚度的要求。在两侧边拱、顶拱处都焊好“人”字铁和架铁,即可同时在两侧操作。

应当注意控制混凝土保护层厚度和衬砌厚度。由于保护层增大或减小,将使钢筋接头减少和增长 $2\pi \cdot \Delta R$ 长度

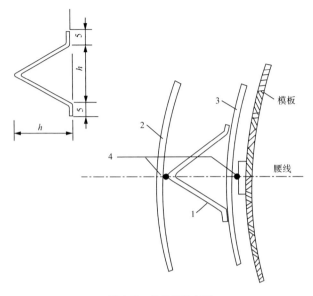

图 6-20　边拱架铁布置

1—人字铁 $\phi16$；2—外层边拱钢筋；3—内层边拱钢筋；4—内外层架铁

（ΔR 为混凝土保护层厚度误差值）。如当保护层增大 1cm 时，接头搭接长度会减小 6.28cm。

全部钢筋安装完工后，应清除扒钉和垫好控制混凝土保护层厚度的砂浆垫块。

二、渐变段钢筋安装

在引水发电的隧洞中，由圆形断面过渡到矩形断面结构物时，为使断面逐渐变化，常常采用渐变段的结构形式，用来连接需装设闸门的矩形断面的闸门井和圆形断面的洞身段。

渐变段钢筋的特点是：钢筋直径较粗，形状复杂；大多有递减变值的钢筋（不论直铁或带圆弧段的钢筋）；加工制作和安装的质量都要求准确，否则会造成质量事故。

由图 6-21 可知，矩形断面高度 h 随洞的长度变化而变化到零，而半径则由零变化到 $D/2$。中间的过渡断面（渐变断面）的四角为由变化的半径尺组成的圆弧段。钢筋的变化规

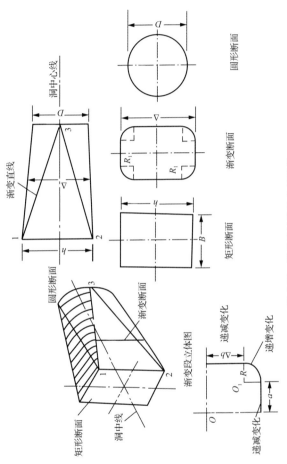

图 6-21　渐变段结构的几何形状

律和形状也是和它的几何形状变化相适应的。

显然，在渐变段的进口和出口断面是固定的形状。而中间的任何剖面上的任何尺寸都是渐变的。直线长度递减，圆弧半径则递增。只有纵向的分布钢筋是等长不变的。

由图 6-22 中可看出，钢筋剖面图中，直钢筋②、③、⑤、⑥、⑦都是渐变长度的钢筋，有递减数 △ 值。而⑰、⑲、⑳钢筋较复杂，有三个变值。直段长度有递减数 ΔL 的变化，圆弧段半径 R 和弧长 S 值也是渐变的。在图 6-23 中，表示出①和⑰钢筋的变化情况。这种钢筋型式由于形状变化复杂，在加工制作时是很费时间的。必须正确地放样，把每一根钢筋放出大样来，才能保证形状和尺寸正确；否则安装后的钢筋骨架是错误的。分布钢筋㉑是等长的，它同渐变段的结构物的长度是相适应的。

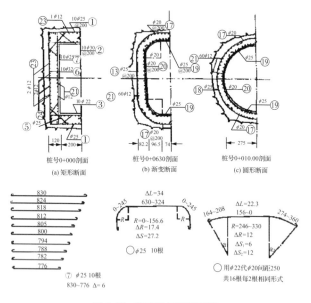

图 6-22　渐变段钢筋剖面图

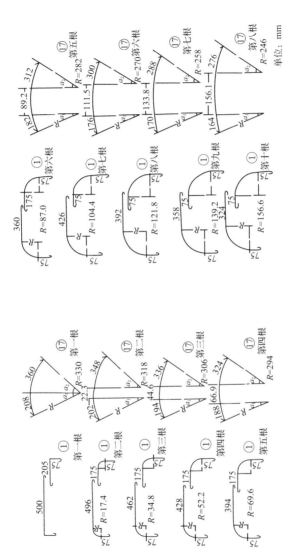

单位：mm

图 6-23　渐变段钢筋配筋图

（1）渐变段架铁布置。综上所述,渐变段的钢筋变化是复杂的。必须掌握和熟悉它们结构上的特点和配筋上的规律,才能正确进行安装。否则,由于加工制作和安装施工上的差错,会使渐变段排架和模板无法安装。在采用混凝土泵浇筑时,大多采用全断面一次衬砌,不再设水平施工缝。

由于渐变段木模、排架的重量很大,全部重量都将落在架铁上。因此,对于插筋的间距和钢筋直径的选择要周密考虑。架铁插筋的横向间距,要考虑底部钢筋的形状,使它能够全部放在架铁上,如图 6-24 所示。

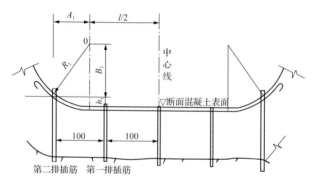

图 6-24　渐变段架铁计算图形

水平架铁的形状,由于渐变段外形的变化,它的形状也是复杂的。顺水流方向,它的每点高程都是不同的,如图 6-25所示。必须根据渐变段结构特点,在给定的架铁方向上,逐点计算出它们的高程值,才能在现场焊成控制钢筋绑扎规格的架铁。

在焊架铁之前,要进行架铁高程推算,其计算方法如下(图 6-25):

1）计算出每排架铁的渐变断面上的混凝土表面高程和圆角处的半径 R_i 值;

2）当架铁的纵向和横向间距确定后,即可求出每个渐变断面的 A_i 值;

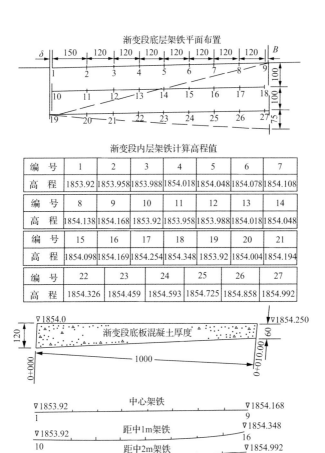

渐变段底层架铁平面布置

渐变段内层架铁计算高程值

编　号	1	2	3	4	5	6	7
高　程	1853.92	1853.958	1853.988	1854.018	1854.048	1854.078	1854.108

编　号	8	9	10	11	12	13	14
高　程	1854.138	1854.168	1853.92	1853.958	1853.988	1854.018	1854.048

编　号	15	16	17	18	19	20	21
高　程	1854.098	1854.169	1854.254	1854.348	1853.92	1854.004	1854.194

编　号	22	23	24	25	26	27
高　程	1854.326	1854.459	1854.593	1854.725	1854.858	1854.992

长度单位: cm

图 6-25　渐变段底层架铁平面布置

3）由半径 R_i 和插筋横距 A_i 值，计算出 B_i 值；

4）由 B_i 值可计算出第二排架铁距断面混凝土高程的 h_i 值；

5）用同样方法，可算出中心架铁、距中 1m 处架铁、距中 2m 处架铁各点高程差 h_i 值。

求得各点计算高程值后，就可以在现场根据测量放样数据，开始焊架铁了。图 6-25 中，给出了矩形进口断面 4m×6m 渐变到圆形洞径 5.5m 的 10m 长渐变段底层、内层架铁的计算值，同时，应计算出外层架铁各点相应高程。

插筋孔和插筋的正确位置影响架铁的高程。若位置改变，相应的高程值也应当改变，因此，必须正确布孔，且在焊架铁时，一定要将其位置固定在计算断面上，否则应修改计算数值。

（2）钢筋绑扎。在安装和绑扎钢筋前，应对已加工好的钢筋进行详细清理。

首先，在运输钢筋时，注意不要混杂错用。运到现场后，要整齐堆放。将每一编号的一组钢筋的全部根数按安装时的递减次序排列好，以免在安装时拿错。渐变段的每一形状的钢筋送入工作面后，是不易识别和查对的。因为前后两根钢筋的差异不太明显。由于形状多样，传运钢筋是很费力的。在堆放场地处清理钢筋的人，应和工作面绑扎的人相互配合好。按着每一编号的第一根、第二根……等次序运钢筋到仓面上进行绑扎。所以，这些有递减变化的钢筋在堆放时就要按前后安装次序排列好。

在渐变断面中，钢筋的配筋布置如图 6-26 所示。在圆角半径较大的断面中，由四根钢筋组成一圈，每一根钢筋都有两端圆弧段；而在圆角半径较小断面中，由两根带直角圆弧的钢筋和两根直钢筋组成一圈。渐变段钢筋绑扎施工方法基本上和圆断面隧洞安装方法相同。

施工中注意事项：

1）开挖断面规格要全面检查，尤其顶部的两角部位。由于局部欠挖，会使一些钢筋无法安装，钢筋接头无法绑扎。

2）钢筋不逢中（偏离中线）时，会使钢筋碰到木模，甚至造成无保护层（厚度）现象。因此，在排放底部内层钢筋时，要使每一根钢筋都对称中线安装。只要底部钢筋位置正确，向上绑扎两侧和顶部钢筋就不会发生偏差了。

3）底部钢筋绑扎后，最好用麻线检查钢筋是否超出混凝土表面。检查方法是用麻线一端系在矩形断面角部规格

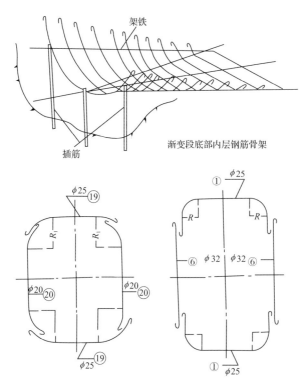

图 6-26 渐变断面中的配筋布置

点上,另一端用手牵线沿圆洞混凝土表面移动。若钢筋全部在麻线下面,则安装木模时不致返工,见图 6-27。

三、进水口钢筋安装

在水利水电工程中的水电站引水隧洞的进水口,多埋在水下,承受水压力的作用。主要由拦污栅、进水口和闸门井等部分组成,如图 6-28 所示。

拦污栅是梁、柱结构。多布置成折线型,使过栅水头损失减少。拦污栅柱子的尺寸不大,平面上呈圆滑曲线状。柱的纵向直钢筋为受力钢筋,箍筋的形状较复杂,如图 6-29 所示。

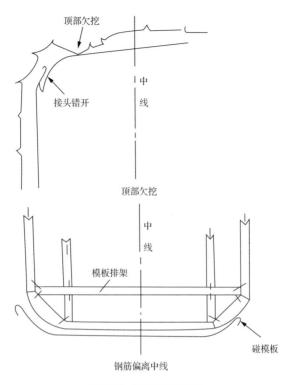

图 6-27　渐变段钢筋偏差

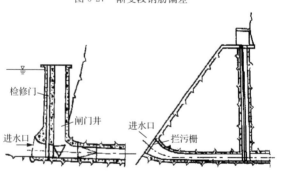

图 6-28　引水隧洞进水口型式

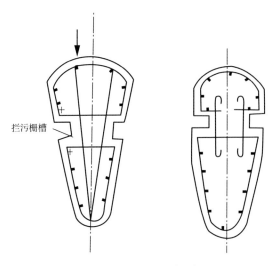

图 6-29　拦污栅柱钢筋型式

拦污栅槽

　　由于柱子尺寸较小,一般采用脚手架绑扎钢筋再安装模板,或是先安装部分模板,然后再绑扎钢筋。等全部钢筋安装完毕,最后再封闭全部模板。绑扎前,应先将全部或少部分箍筋套在纵向直筋外面,主筋绑扎时,再提起箍筋和直筋绑扎在一起。箍筋加工时,应有样板控制其形状。柱的保护层厚度较小,若形状不精确,会使混凝土保护层厚度发生不利变化。

　　进水口结构呈喇叭口形状。由底板、边墙顶板组成。如图 6-30 所示。

　　顶板多是曲线形状。有抛物线、圆弧和椭圆曲线等表面型式。曲线的分布钢筋由于直径较小,可以在施工现场安装时弯曲成需要的形状。边墙垂直钢筋是受力钢筋,水平钢筋为分布钢筋。在先浇筑底板部位的混凝土时,应预先露出钢筋的接头长度。接头的位置应沿规格边线准确绑扎,为防止浇筑过程中碰动这些钢筋的接头,应用点焊固定,如图 6-31所示。

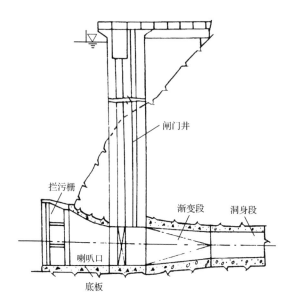

图 6-30　进水口结构图

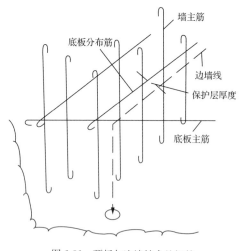

图 6-31　顶板与边墙结合处钢筋

进水口底板混凝土结构与一般基础底板相同。底板钢筋主要是直钢筋和光圆钢筋（当底板宽度较大时，还会有光圆钢筋布置）。在大面积、厚度较大的底板钢筋安装前，需要有简单的架立钢筋来控制底板的双层钢筋，如图 6-32 所示。架立钢筋的数量和间距取决于底板受力钢筋的直径。一般在1.2～1.5m，可架立直径 20～30mm 主筋。间距太大会使主筋产生弯曲。底板设有双层受力钢筋时，要焊二层架铁，使受力钢筋正确固定在设计位置上，在浇筑混凝土时，钢筋骨架不会发生变形或露出混凝土表面。

上层水平架铁的高程由混凝土表面高程减去主筋直径和保护层厚度来决定。下层水平架铁的高程，由混凝土表面高程减去底板厚度和保护层厚度来求得。

四、尾水管钢筋安装

在大型水电站厂房中，都有带弯管的尾水管结构，以使水流经过水轮机后能均匀稳定地流进尾水渠中。对不同装机容量的水电站厂房，尾水管的尺寸和型式也是不相同的。这里介绍的是一种简单常见的尾水管型式，如图 6-33 所示。

尾水管钢筋混凝土结构，一般分为弯管段（肘管）和直线的扩散段。弯管段上口与水轮机座环下面的钢制吸出管连接。扩散段末端是尾水闸门和尾水渠。

尾水管的肘管几何形状比较复杂，由几种形状的曲面所组成。

弯管的前面，是一个较大部分的回转面，它是由半径为 R 的一段圆弧线绕中心轴旋转成的曲面的一部分；弯管的后面是斜圆锥体的一部分表面。连接这两个曲面呈一个近似三角形的斜面。弯管的底部都是一个较大半径的圆弧面。连接弯管的是一段较长尺寸的扩散段，断面呈矩形。在扩散段中间有隔墩。图 6-34 为尾水管钢筋图。

尾水管混凝土浇筑，大多是先浇好尾水管底板，再安装尾水管模板。模板固定在底板混凝土高程上，即可绑扎尾水管钢筋，再浇筑尾水管混凝土。也有的先浇筑尾水管边墙，然后再浇筑尾水管顶板。

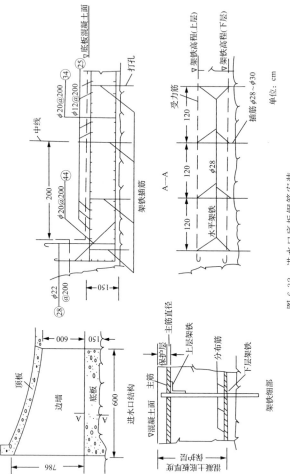

图 6-32 进水口底板钢筋安装

单位: cm

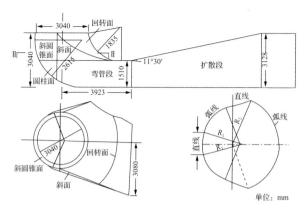

图 6-33　尾水管几何形状

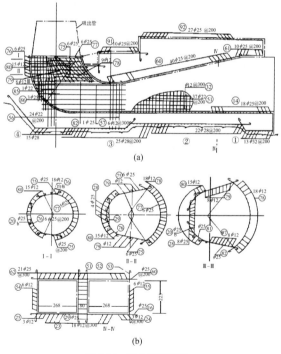

图 6-34　尾水管钢筋图

（1）弯管的上半部。由图 6-35 可以看出，剖面图形的后半部是由半径 R_1 的二段弧线和一段直线构成，前半部则是由半径 R_2 的一段较大圆弧和二段直线构成。尾水管的钢筋形状也是根据它的几何尺寸决定的。

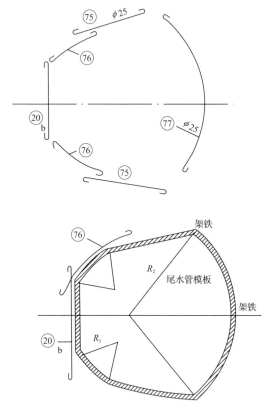

图 6-35　图 6-34 II-II 剖面的钢筋分解图

尾水管弯管的上半部钢筋主要有两种型式的钢筋组成：一种是长度变化的直钢筋；一种是不同半径的圆弧形钢筋，如图 6-36 所示。

从图 6-34 看出，如钢筋⑧b、⑦⑤、⑧②都是直钢筋，用来连接

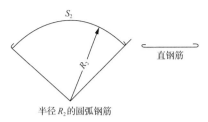

半径 R_2 的圆弧钢筋

图 6-36　尾水管上半部配筋型式

两段圆弧钢筋的。而⑯、⑰、㉛都是前后部分的圆弧钢筋。这些直钢筋的长度、圆弧钢筋的半径和弧长是随剖面位置的不同而变化的。

　　弯管段上半部每一圈钢筋多由六根钢筋组成,如图 6-35 所示。

　　绑扎每一圈钢筋时,先在尾水管模板上焊上六根架铁。这些架铁的位置,最好与尾水管模板外形相似,以控制绑扎钢筋的形状。弯管上半部的所有水平受力钢筋应均匀分布,并使每一圈钢筋在同一平面上。要求在画线时由尾水管上口高程均匀画出间距(这些间距应当是沿曲面上的间距),如图 6-36 所示。主筋的接头不宜用铅丝绑扎,均应焊牢。分布钢筋都是顺曲面垂直方向布置的(多在现场弯曲成型)。

　　(2)弯管的下半部。尾水管弯管底部钢筋,如图 6-37 所示。

　　下半部底部(弯段底部)钢筋都是有递减变化的,如图 6-38 所示。

　　由图 6-37 可见,直钢筋⑲、⑳、⑳a、⑳b 都是水平分布的递减钢筋,而㉗直钢筋和变化圆弧段长度的㉘钢筋搭接。由尾水管几何尺寸可知,弯管底面是逐渐展开的弧面。由钢筋表中得知⑳a、⑳b 的型式和长度如下:⑳a 钢筋直径为 25mm,长度 3660～4560mm,每根递减 $\Delta=150$mm,共 7 根。

　　则　第一根钢筋长度 3660(mm)

　　　　第二根钢筋长度 3660+150=3810(mm)

　　　　第三根钢筋长度 3810+150=3960(mm)

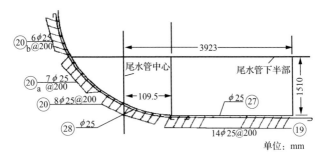

单位：mm

图 6-37　尾水管弯管底部钢筋

第四根钢筋长度 3960＋150＝4110(mm)

第五根钢筋长度 4110＋150＝4260(mm)

第六根钢筋长度 4260＋150＝4410(mm)

第七根钢筋长度 4410＋150＝4560(mm)

⑳b 钢筋直径为 25mm，长度为 1500～3500mm，每根递减 $\triangle$＝400mm，共六根。

则　第一根钢筋长度 1500(mm)

第二根钢筋长度 1500＋400＝1900(mm)

第三根钢筋长度 1900＋400＝2300(mm)

第四根钢筋长度 2300＋400＝2700(mm)

第五根钢筋长度 2700＋400＝3100(mm)

第六根钢筋长度 3100＋400＝3500(mm)

同样可算出⑲、⑳钢筋的每根长度，如图 6-38 所示。

由上可知，弯管底面的钢筋都是由长变短的。在安装时，应将每组钢筋按长短顺序排列整齐，按长度的递减顺序依次绑扎安装。同样，㉒圆弧钢筋的弧长也是逐渐减小的。在顺水流方向上的中心线位置上的钢筋长度最长，而向两侧分布的钢筋弧长则逐渐减小。

（3）扩散段钢筋。扩散段的两边墙的垂直钢筋和水平分布钢筋都是有长度变化的直钢筋，这些钢筋是深入底板混凝土中的。在先浇尾水管底板时应预留出钢筋接头。

尾水管底板钢筋安装方法和一般基础底板钢筋安装方

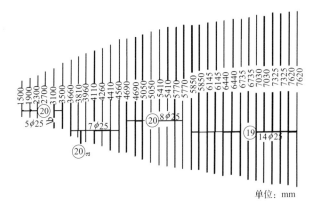

单位：mm

图 6-38 弯管底部钢筋分解图

法类似。

尾水管是水电站厂房中的过水结构物。工作时间长，长期受水流冲刷，所以，应注意钢筋保护层厚度。需用砂浆垫块支垫控制好保护层，防止露筋。同时，在整个浇捣过程中，要注意随时维护和修整钢筋骨架。

五、蜗壳钢筋安装

水电站厂房中有钢蜗壳和混凝土蜗壳两种。在中、高水头的电站厂房中多采用钢蜗壳，仅在低水头时，才采用钢筋混凝土蜗壳。

蜗壳的钢筋主要是指在钢蜗壳外面混凝土中所配置的钢筋。

钢蜗壳大多是由多节钢制蜗壳在现场焊接而成的。在蜗壳的上半圆周表面，为使上部机墩荷载不作用在蜗壳上面，常用沥青、麻布等材料敷设一层"弹性垫层"，使蜗壳脱离周围的混凝土。

在没有铺设弹性垫层前，预先在蜗壳外面沿顶部、腰部、底部焊好一些短钢筋立柱，然后再铺设垫层。沿短钢筋立柱焊架铁以用来安装圆弧形的蜗壳钢筋用。

架铁可焊三根，如图 6-39 所示。顶部一根架铁沿圆周最高处布置,腰部架铁沿蜗壳外缘焊,底部架铁则在最低处,架铁高度按保护层厚度控制。

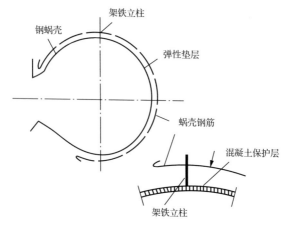

图 6-39 蜗壳钢筋架铁布置

钢筋绑扎前,应对运到现场的钢筋进行认真清理,检查每一编号钢筋的根数和型式是否正确。蜗壳钢筋都是有半径和变角度的圆弧钢筋。每一编号的钢筋所有根数中都是各不相同的,这是由于蜗壳的蜗线形状所决定的。

蜗壳钢筋型式主要有三种,如图 6-40 所示。第一种型式是由两个变数决定的,即变半径和变角度(R 和 α 变化);第二种型式是角度固定,但有两个变半径(α 固定,R_1 和 R_2 变化);第三种型式是角度固定,一个变化半径(α 固定,半径 R_1 变化)。从图 6-42 中可见:③、⑦、⑧钢筋是变角度和变半径;⑨、⑩、⑪、⑫钢筋是两个变半径;⑤、⑥钢筋是角度固定,半径变化。

由于蜗壳型式的复杂变化,使得加工制作很麻烦,常常容易出错。尤其是有两个变化半径 R_1 和 R_2 的钢筋,有时会错制成相同的半径。再者,第一种型式的钢筋带有直线段的末端,这一直线段是放在蜗壳的阴角处,安装后应保持水平状。直线段和圆弧段的夹角不是直角,而是随 α 变化的角

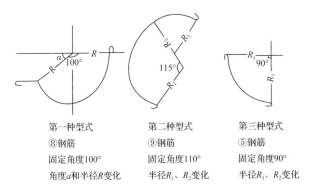

第一种型式　　　　第二种型式　　　　第三种型式
⑧钢筋　　　　　　⑨钢筋　　　　　　⑤钢筋
固定角度100°　　　固定角度110°　　　固定角度90°
角度a和半径R变化　半径R_1、R_2变化　半径R_1、R_2变化

图 6-40　蜗壳钢筋的主要型式

度,如图 6-41 所示。

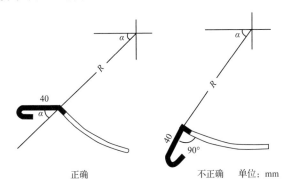

正确　　　　　　　　　　不正确　　单位：mm

图 6-41　直线段和圆弧段结合

　　蜗壳钢筋加工制作时,形状正确是保证安装质量的前提。

　　钢筋绑扎时,最好将蜗壳平面按 90°分为一个区段。把每一分区的钢筋编号和总根数计算好,按正确的根数、间距画线排列,检查安装后能否均匀地分布所有的钢筋根数,如图 6-42 所示。

　　在第一区中,主要是⑤、⑥、⑦三个编号的钢筋。在蜗壳的上半部是⑥钢筋,一根伸至蜗壳的凹处,相邻一根则伸到蜗壳顶部为止,均呈向心分布。而蜗壳的下半部是⑤钢筋和⑥、⑦钢筋搭接。在第一区中,共有⑥钢筋 27 根,有 27 个间距。在顶部、腰部和底部架铁上均匀画出 27 根钢筋的位置,并使其向心分布,如图 6-43 所示。

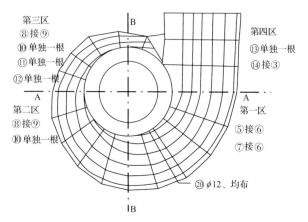

图 6-42　蜗壳钢筋安装分区划分方法

　　绑扎时,在蜗壳底部和腰部都安排有绑扎人员。应按架铁上记号顺序错开端部进行绑扎。须注意,在蜗壳底部操作的人员,是不易看到上面的钢筋和方向的。由于钢筋是向心布置的,可按焊缝(蜗壳)方向粗略校正方向,使每一圈钢筋都在一个向心平面内。钢筋间距不是一个定值。在腰线处间距最大,而在蜗壳的顶部和底部逐渐变小。间距只有在蜗壳腰部是均匀一致的。

　　为使钢筋均匀分布,可用钢尺绕腰部量测弧线长度,再用根数除以长度,即可求得安装时的控制间距,而不宜按图纸上给定的设计间距硬性画线,否则,容易出现不均匀偏差。全部钢筋安装就绪后,应当全面检查和调整间距,使之均匀地向心分布。

　　蜗壳上的分布钢筋应按蜗壳流线方向布置。细直径的分布钢筋可在现场弯曲成所要求的形状。蜗壳的受力弧形钢筋均应点焊在架铁上,防止移动和碰落;而分布钢筋绑扎

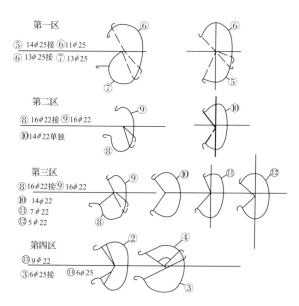

图 6-43　蜗壳钢筋配筋分解图

第一区
⑤ 14φ25接 ⑥11φ25
⑥ 13φ25接 ⑦13φ25

第二区
⑧ 16φ22接 ⑨16φ22
⑩14φ22单独

第三区
⑧16φ22接 ⑨16φ22
⑩　14φ22
⑪　7φ22
⑫5φ22

第四区
⑬9φ22
③6φ25接 ⑭6φ25

在主筋上即可。

　　蜗壳钢筋由于形状复杂多变,在安装前,施工人员对钢筋图和已加工成品的钢筋应有一定的熟悉时间,使施工人员具有初步的完整概念,而不致造成返工。

　　蜗壳的钢筋如图6-44所示。

六、闸墩钢筋安装

　　在坝体的进水口、溢流坝首部、溢洪道和厂房水平台部分,都有各种平面尺寸的闸墩(主要是用来安放启闭机开启闸门用的)。在闸墩的侧面设有闸门槽,见图6-45。

　　对不同工作条件的闸墩,其结构型式也不同,因而配筋布置也不尽相同。从平面布置上看,闸墩的配筋与柱相差不多,仅水平的分布钢筋的形状有差别,且钢筋多有弯折的曲线形状。

　　闸墩的垂直钢筋是受力钢筋。在承受水压力较大的闸门槽中,靠近闸槽侧向顺水流方向的钢筋,也是重要的受力

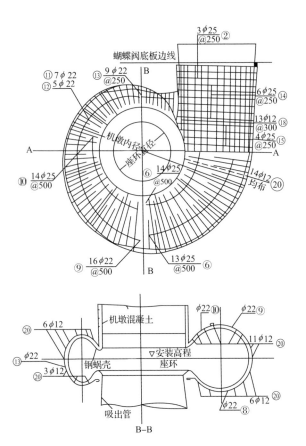

图 6-44 蜗壳钢筋图

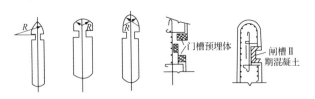

图 6-45 闸墩钢筋

钢筋工程施工

钢筋。

在闸槽中预留二期混凝土,为便于安装闸门轨道预埋件用的。为了焊接和固定闸门轨道,在闸槽的二期混凝土部位中,设置一些钢筋接头插筋,使门轨埋件受力后向墩体内部传递。由于闸墩的高度和长度较大,一般先安装模板再绑扎钢筋。但应注意门槽、门轨埋件的布置和安装方法,否则会造成相互施工干扰和影响施工质量。

在溢流坝中的闸墩,中间设有伸缩缝,这样的闸墩尺寸是较宽的,钢筋不能穿过缝面。在尺寸较小的闸墩中钢筋较密,绑扎钢筋和浇捣混凝土都有一定影响。

七、廊道钢筋安装

廊道系在坝体中不同高程和不同位置上有专门用途的预留孔道,并和坝体外面相通。布置在坝体不同部位的廊道,其断面形状也有所不同。布置在坝体底部做排水和灌浆用的廊道多为马蹄形断面,廊道的四周均配有钢筋。

当廊道分布在一个浇筑块内时,可将廊道模板架立支撑好后,直接在模板上绑扎钢筋。若廊道被浇筑层分为两部分时,如图 6-46 所示,其底圆部分钢筋需要悬空安装。在已浇混凝土表面上,按廊道中心焊好架铁支撑,架立底圆钢筋模板。廊道在坝体内长度很大,且有变化的底坡。

廊道钢筋为悬空安装,但也可采用边浇筑边绑扎钢筋。这需要放样和绑扎迅速,可预先在混凝土中埋下一些架铁,浇筑到预定高程时,再突击绑扎。当然,钢筋的安装方法要根据浇筑方法和速度来决定。当采用悬空安装钢筋时,应当慎重考虑,否则会发生施工困难和消耗大量的架立钢筋。

八、坝内过流孔口钢筋安装

当通过坝体向下游宣泄洪水和放空水库时,在坝体内设计了放水孔口。有的在坝体的底部(称底孔),有的在坝体中间部分开孔(叫中孔)。尤其在薄壁拱坝中,这部分的孔口配筋多是为了加强孔口部分的混凝土的承载能力。

图 6-47 是拱坝底孔的钢筋布置。在底孔的顶部和底部布置有双排钢筋。由于分层浇筑的需要,当孔口底板高程距

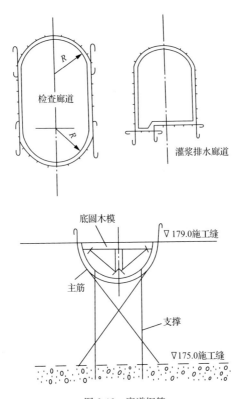

图 6-46　廊道钢筋

坝基较高时,孔口钢筋将要悬空安装,如图 6-48 所示。底孔钢筋安装前,先在基岩上打好钢筋孔,焊好支撑架铁。架铁的布置要考虑钢筋构造和浇筑方法。架铁要保持自身稳固和不变形,浇捣时方便操作等。先在架铁上绑扎底板部分钢筋,再安装边墙部分的模板,绑扎边墙部分的钢筋。

拱坝中孔的四周都配有钢筋,如图 6-49 所示。孔口底面都做成溢流曲线状的混凝土表面。溢流面的钢筋规模较大,多是悬空安装。

安装溢流面的钢筋前应在孔口底面的全部长度和宽度

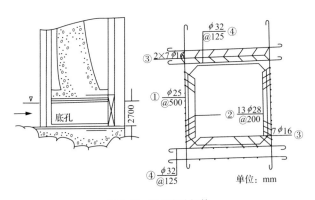

图 6-47　拱坝底孔钢筋

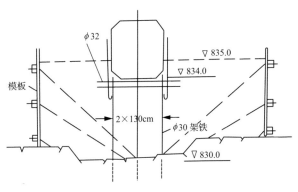

图 6-48　底孔钢筋悬空安装

方向上布置架铁,如图 6-50 所示。在溢流头部位是圆弧表面,可在距圆心 1m 处设置架铁(通过计算确定其高程),其布置如图 6-51 所示。中间部分是水平表面,可按间距 2m 布置架铁插筋。在挑流鼻坎段,根据反弧曲线长度布置架铁。根据架铁距反弧圆心起点距离,即可推算出架铁每点的高程。

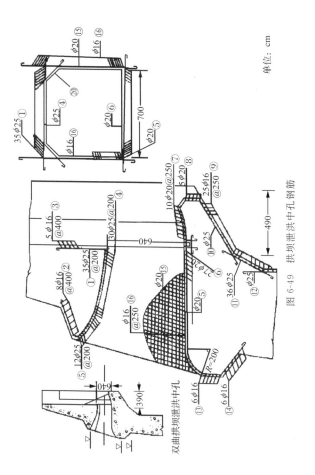

图 6-49　拱坝泄洪中孔钢筋

单位: cm

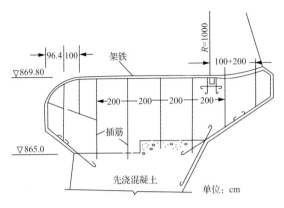

图 6-50　中孔溢流面架铁布置

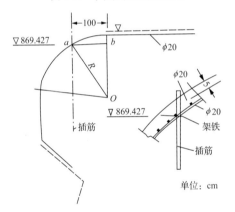

图 6-51　溢流头部架铁

以图 6-50、图 6-51 为例计算架铁高程:溢流头部架铁插筋距圆心为 1m;圆头混凝土表面半径为 2m。则架铁半径

$$R = 200 - 5 - 2 - 2 = 191.0(\text{cm})$$

因 a 点至 b 点距离为 100cm

则　$Ob = \sqrt{R^2 - (ab)^2} = \sqrt{191^2 - 100^2} = 162.7(\text{cm})$

即　b 点距混凝土表面为 $200 - 162.7 = 37.3(\text{cm})$

所以　架铁 a 点高程为 $869.80 - 0.373 = 869.427(\text{m})$。

若圆头部分半径较大时,架铁的布置应适当加密。需要多排插筋时,其架铁高程的计算,也可用同样方法进行推算。只要依次求得每排架铁距圆心的距离,即可计算出相应各排架铁的高程值。

挑流鼻坎架铁插筋 d(第一排)距反弧起点为 100cm,反弧直径为 10m(见图 6-52)。

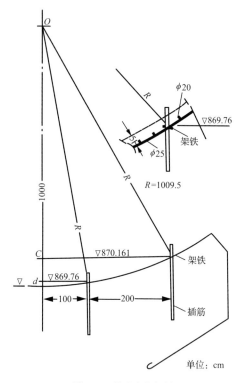

图 6-52　挑流鼻坎架铁

架铁半径

$R=1000+5+2+2.5=1009.5$(cm)

$R^2=1009.5^2 \approx 1019090$

$\sqrt{R^2-100^2} \approx 1004$(cm)

所以反弧圆心 O 点至 d 点距离为 1004cm

而反弧圆心 O 至混凝土表面为 1000cm

因此架铁 d 点低于混凝土表面 $1004-1000=4$(cm)

故架铁 d 点高程为

$$869.80 - 0.04 = 869.76(\text{m})$$

同法,可算出第二排架铁 C 点高程:

C 点距反弧圆心为 300cm

$$\sqrt{R^2 - 300^2} \approx 963.9(\text{cm})$$

圆心 O 至 C 点为 963.9cm

C 点高于混凝土表面(圆心 O 断面处)

$$1000 - 963.9 = 36.1(\text{cm})$$

C 点架铁高程为 $869.80 + 0.361 = 870.161(\text{m})$

当这些架铁高程算出后,即可焊立架铁。

在架铁上画出中心线,依次向两侧画间距排铁,便不会产生钢筋偏离中心线。

在绑扎溢流头部和鼻坎的钢筋时,应将垂直模板先安装好,位置正确后,再安装钢筋。这样能使弯折的圆弧钢筋定位方便。

通常,溢流面部位的钢筋其混凝土保护层厚度要大些。而且施工时,其表面不能发生露筋现象,要求焊立架铁时,高程要精确测量,钢筋排布要整齐,这对保证溢流面钢筋质量是很重要的,因为在溢流表面要经常抵抗高速水流的冲刷。

第四节　钢筋网及钢筋骨架的绑扎与安装

预制绑扎钢筋网、钢筋骨架在大型水利水电工程施工中仍是目前采用的一种钢筋施工方法,这种方法的优点是:可缩短钢筋安装的工期、减少钢筋施工的高空作业,同时与其他工种间施工干扰小。因此,在运输、起重条件允许的情况下,钢筋网和钢筋骨架的安装应尽量采用先预制绑扎,后安装的施工方法。钢筋网和钢筋骨架的预制绑扎与在工地现场进行模内绑扎方法有很多相似之处,但是预制绑扎操作可以在理想的条件下进行,并且可不占建筑物主体施工的工期。

一、钢筋网与钢筋骨架的绑扎

1. 钢筋网的绑扎

大型钢筋网的绑扎,可在地坪上画线绑扎,对于墙板、楼板等大面积的钢筋网,为防止在运输、安装过程中发生歪斜、变形,应采用细钢筋斜向拉结。

当钢筋网用于单向配筋的楼板、墙中时,只需将外围两行的交叉点每点绑扎,其中间部分可每隔一根相互成梅花式绑扎。但是,当用于双向配筋的板或其他构件时,必须将全部钢筋相互交叉绑扎。

2. 钢筋骨架的绑扎

预制绑扎钢筋骨架一般在合适的三角形钢筋绑扎架或简易的操作架上进行绑扎。在绑扎钢筋骨架时,除设计中有特殊规定、要求外,与钢筋在模内绑扎方法相同。要注意:柱和梁中的箍筋应与主筋垂直。箍筋转角与钢筋的交接点均应绑扎,但箍筋的平直部分和钢筋的相交点应成梅花式交错绑扎。箍筋弯钩的叠合处,在柱中应按四角错开绑扎,不要绑扎在同一根主筋上,在梁中应交错绑扎在不同的架立钢筋上。柱中纵向钢筋搭接处如有弯钩,弯钩和箍筋相交处两侧的夹角应相等,不应向一面歪斜。柱中箍筋的弯钩,应设置在柱角处,且须按垂直方向交错布置。除特殊者外,所有箍筋应与主筋垂直,钢筋骨架的绑扎,在相邻的两个绑扎节点应交替变换 90°呈八字形,以防止骨架发生歪斜变形。另外,对于要相互穿插的钢筋骨架,必须考虑哪些可预制绑扎,哪些不能预制绑扎,需待安装时再行绑扎,并且还要考虑是否要留下安装时的操作长度,以利入模安装。

二、钢筋网与钢筋骨架的安装

1. 钢筋网与钢筋骨架安装原则

（1）钢筋网与钢筋骨架的大小分块或分段,主要是根据结构配筋的特点及吊装、运输能力来决定的。

（2）为了防止在运输和安装过程中发生歪斜变形,钢筋网和钢筋骨架应采取临时加固措施,如图6-53、图6-54所示。

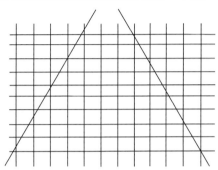

图 6-53　大片钢筋网绑扎时的斜向拉结

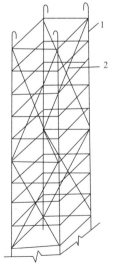

图 6-54　绑扎骨架的临时加固

1—钢筋骨架;2—加固筋

（3）钢筋网与钢筋骨架的吊点、吊索系结方法，应根据其尺寸、重量及刚度而定。宽度不大于 1m 的水平钢筋网宜采用四点起吊。跨度小于 6m 的钢筋骨架宜采用两点起吊。用两端带有小挂钩的吊索，在骨架距两端 1/4 处兜系起吊。骨架长度较大时，则可采用两根等长和上述相同的吊索，分别兜系在距端点 1/6 和 1/3 处，使四个吊点平衡受力，如图 6-55 所示。

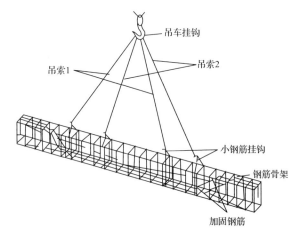

图 6-55　钢筋骨架起吊

为了缩短吊索长度，并且减少吊索对钢筋骨架产生的水平压力，可以在吊钩处增加横吊梁，同样可使吊点平衡受力，如图 6-56 所示。

另外，吊钩也可钩挂在钢筋骨架内的短钢筋上，这样可以不用兜吊。还可以防止骨架变形，如图 6-57 所示。

（4）对于不需要拼装的单片或单个预制绑扎钢筋网、架的安装，入模后，应垫好规定的保护层厚度的控制用垫块，即可进行下一道工序施工。但对于多片或多个预制绑扎钢筋网、架在一起组合安装的构件，则要注意节点组合处的交错和搭接。例如，在主、次梁的上部纵向钢筋相遇处，次梁钢筋应放在主梁钢筋上面。主梁和垫梁、边梁相遇时，主梁钢筋

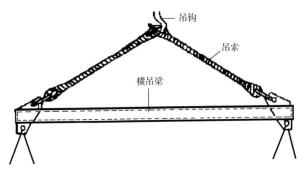

图 6-56　加横吊梁起吊钢筋骨架

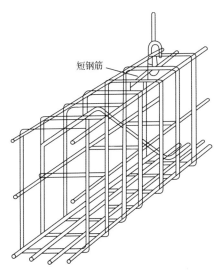

图 6-57　钩挂在骨架短钢筋上起吊

应放置在垫梁或边梁钢筋的上面。当骨架节点处钢筋穿插十分稠密时,也要保证梁内纵向钢筋间有 30mm 的净距,以保证钢筋和混凝土的黏结以及便于混凝土的浇灌。当然,在安装前,钢筋骨架必须按其型号入模。以防止造成骨架型号安装错误而返工。

第七章

预 埋 件 施 工

第一节　预埋件施工规范要求

特别提示

　　预埋件（预制埋件）是预先安装（埋藏）在隐蔽工程内的构件。是在混凝土浇筑前安置的构配件，用于与另处的结构物或设备的连接。预埋件大多由金属制造，如钢筋或者铸铁，也可用木头、塑料等非金属刚性材料。

一、一般规定

　　（1）预埋件的结构型式和尺寸、埋设位置以及所用材料的品种、规格、性能指标应符合设计要求和有关标准。

　　（2）预埋件不应露天存放，以防晒防潮，避免与油和润滑剂接触。各种观测仪器应有库房存放和专人管理。

　　（3）施工前应做好预埋件和混凝土施工计划，并提出预埋件保护措施。在预埋件埋入混凝土过程中，应有专人看护。埋设完成后，应做好保护，避免受损、移位、变形或堵塞。

二、止水及伸缩缝

　　（1）止水片应有生产厂家的性能检测报告和出厂合格证，在使用前，应按《铜及铜合金带材》(GB/T 2059—2008)和《高分子防水材料》(GB 18173.2—2014)的规定进行抽样检测。

　　（2）金属止水片表面的浮皮、锈污、油漆、油渍均应清除干净，如有砂眼、钉孔，应予焊补。非金属止水片不应有气孔，应塑化均匀，有变形、裂纹和撕裂的不应使用。

（3）止水片连接与质量检查应遵守下列规定：

1）金属止水片连接宜采用搭接双面焊，搭接长度不小于 20mm。经试验能够保证质量也可采用对接焊接，但均不应采用手工电弧焊。焊工应持证上岗。

2）橡胶止水片连接宜采用硫化热黏接；塑料止水片的连接宜采用搭接双面焊接，搭接长度不小于 10cm。

3）金属止水片与非金属止水片接头，宜采用螺栓拴接法，搭接长度不小于 35cm。

4）十字形、T 形等异形接头和不同材料止水片之间的接头宜在工厂内预先制作或购买成品。

5）焊接接头表面应光滑、无砂眼或裂纹。工厂加工的接头应抽查，抽查数量不少于接头总数的 20%。现场焊接的接头，应逐个进行外观和渗透检查合格，必要时应进行强度检查，抗拉强度不应低于母材强度的 75%。

（4）止水片安装应遵守下列规定：

1）止水片应与混凝土接缝面垂直，其中心线与接缝中心线允许偏差为 ±5mm。金属止水片定位后，应在"鼻子"空腔内填满塑性材料。

2）已安装的止水片应做好保护，支撑牢固，不应穿孔拉挂固定，并防止在混凝土浇筑过程中移位或扭曲。

3）靠近止水片的混凝土，应剔除粒径大于 40mm 的骨料，止水片下面及周围的混凝土应振捣密实，以确保混凝土同止水片紧密结合，避免止水片周围形成空穴。

4）水平止水片 ±50cm 范围内不宜设置水平施工缝。如无法避免，应采取措施将止水片埋入或留出。

（5）止水基座施工应遵守下列规定：

1）止水基座（含止水槽、止水坝）应按设计要求的尺寸挖槽，清除松动岩块和浮渣，冲洗干净，并按建基面要求验收合格。

2）止水基座混凝土抗压强度达到 10MPa 后，方可浇筑上部混凝土。在上部混凝土浇筑前，应在基座混凝土面上刷隔离剂，但不应污染其他部位。

（6）伸缩缝缝面填料施工应遵守下列规定：

1）缝面应平整、洁净，如有蜂窝麻面，应按设计要求处理，外露铁件应割除。

2）缝面应干燥，先刷冷底子油，再按序黏贴缝面填料，其高度不应低于混凝土收仓高度。

3）缝面填料要粘贴牢靠，破损的应及时修补。

三、预埋铁件

（1）各类预埋铁件应按图纸加工、分类堆放。埋设前，应将表面的锈皮、油漆、油污等清除干净。

（2）各种预埋铁件安装应牢固可靠，精度满足要求。在混凝土浇筑过程中不应移位或松动，周围混凝土应振捣密实。预埋螺栓或精度要求高的铁件，可采用样板固定或预留二期混凝土再埋设的方法。

（3）锚固在岩基或混凝土上的锚筋，应遵守下列规定：

1）钻孔位置允许偏差：柱的锚筋不大于 20mm；钢筋网的锚筋不大于 50mm。

2）钻孔底部的孔径以 $d+20$mm 为宜（d 为锚筋直径）。

3）钻孔深度不应浅于设计孔深，外露锚筋长度应符合设计要求。

4）钻孔的倾斜度与设计轴线的偏差在全孔深度范围内不应超过 5%。

5）锚筋注浆后不应晃动，应在孔内砂浆强度超过 2.5MPa 后，方可进行下道工序。

（4）用于起重运输的吊钩或铁环，应经计算确定，必要时应做荷载试验。其材质应满足设计要求或采用未经冷处理的 HPB300 钢筋加工。埋入的吊钩、铁环，在混凝土浇筑过程中，应有专人看护，防止移动或变形。

（5）各种爬梯、扶手及栏杆预埋铁件，埋入位置、深度应符合设计要求。

（6）各种预埋铁件应待混凝土达到设计要求的强度，并经安全验收合格后方可启用。

四、管路

（1）埋设的管路应符合设计要求。管道应无堵塞，表面锈皮、油渍等应清除干净。

（2）管道的接头应牢固，不应漏水、漏气，宜选用丝扣连接。不同形状的管、盒的连接可用包扎的方法，以防串入水泥浆。

（3）管道安装应牢固可靠。经过伸缩缝的管道，应设置伸缩节。

（4）所有管道管口应妥善保护，并有识别标志。管口宜露出模板外 30～50cm。

（5）管路安装完毕，应以压力水或通气的方法检查是否通畅。如发现堵塞或漏水（气）应处理。

（6）管路在混凝土浇筑过程中，应对管路妥善保护，以免管路变形或发生堵塞。混凝土覆盖后，应通水（气）检查，发现问题及时处理。

（7）各种预埋管路的施工均应详细记录并绘图说明。

五、观测仪器

（1）观测仪器应按设计图纸和文件以及仪器使用说明书的要求埋设安装。埋设前，所有仪器（设备）均应进行测试、校正和率定。

（2）观测仪器电缆应采用专用电缆，电缆连接可采用硫化接头或热缩接头。接头应绝缘、不透气、不渗水。

（3）观测仪器应按设计编号在仪器端、电缆中部和测量端安放仪器编号牌。

（4）观测仪器安装时，应保证安装位置、方向和角度准确。仪器安装定位后，应经检查合格和校正，并读取初始值后方可浇筑混凝土。仪器周围混凝土中粒径大于 40mm 的骨料应剔除，并人工或用小功率振捣器振捣密实，浇筑过程中应有专人看护。

（5）仪器电缆走向应按照电缆走线设计图敷设，宜减少电缆接头，在平面上宜按平行于坝轴线和垂直于坝轴线呈直线埋设。电缆牵引路线距缝面不应小于 15cm，距上、下游坝面不应小于 50cm。靠近上游面仪器电缆应分散埋设,必要时应采取止水措施。电缆过缝、进观测站应采取过缝措施,并应有不小于 10cm 的弯曲长度。

(6) 观测仪器埋入后应记录仪器编号、坐标和方向、埋设日期、埋设前后观测数据及环境情况等,及时成图。电缆安装后应绘制电缆实际布线图,绘制误差不宜大于 30cm。

第二节 预制构件的接头、吊环与预埋件构造要求

预制构件的接头、吊环、预埋件构造要符合下列要求:

(1) 预制构件的接头形式应根据结构受力性能和施工条件确定,力求构造简单、传力明确,接头应尽量避开受力最大的位置。

(2) 承受弯矩的刚性接头,接头部位的截面刚度应与邻近接头的预制构件的刚度相接近。刚性接头宜采用钢筋为焊接连接的装配整体式接头。应注意选择合理的构造形式和焊接程序,适当增加构造钢筋。

装配整体式接头应满足施工阶段和使用阶段的承载力、稳定性和变形的要求。

(3) 装配式柱采用榫式接头时,接头附近区段内截面的承载力宜为该截面计算所需承载力的 $1.3 \sim 1.5$ 倍(均按轴心受压承载力计算)。为此可采取加设横向钢筋网片和附加纵向钢筋、提高后浇混凝土强度等级等措施。

(4) 在装配整体式节点处,柱的纵向钢筋应贯穿节点,梁的纵向钢筋应按规定在节点内锚固。

(5) 计算时考虑传递内力的装配式构件接头,当接缝宽度不大于 20mm 时,宜用水泥砂浆灌缝;当缝宽大于 20mm 时,宜用细石混凝土灌筑。水泥砂浆和细石混凝土的强度应比构件的混凝土强度提高一至二级,并应采取措施减少灌缝的混凝土或砂浆的收缩。不考虑传递内力的接头,可采用不低于 C20 的细石混凝土或 M20 的砂浆。

（6）预制构件的吊环必须采用 HPB300 级钢筋制作，严禁采用冷加工钢筋。吊环钢筋直径不宜大于 30mm。

在构件自重标准值作用下，每个吊环按两个截面计算的吊环应力不应大于 50N/mm²（构件自重的动力系数已考虑在内）。当一个构件上设有四个吊环时，设计中按三个吊环同时发挥作用考虑。

吊环埋入方向宜与吊索方向基本一致。埋入深度不应小于 30d（d 为吊环钢筋直径），钢筋末端应设置 180°弯钩，弯钩末端直段长度、钩侧保护层、吊环在构件表面的外露高度以及吊环内直径等尺寸应符合图 7-1 的要求。吊环应焊接或绑扎在构件的钢筋骨架上。

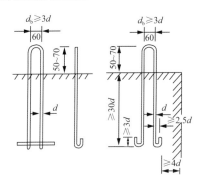

图 7-1　预制构件的吊环埋设

（7）受力预埋件的锚板宜采用 Q235 级钢，锚筋应采用 HPB300 级或 HRB400 级钢筋，严禁采用冷加工钢筋。锚筋采用光面钢筋时，端部应加弯钩。

预埋件的受力直锚筋不宜少于 4 根，也不宜多于 4 层，其直径 d 根据计算确定，但不小于 8mm，也不大于 25mm。受剪预埋件的直锚筋，可采用 2 根。

受拉直锚筋和弯折锚筋的锚固长度不应小于相关规范规定的受拉钢筋锚固长度；当锚筋采用 HPB300 级钢筋时，尚应符合相关规范中关于弯钩的规定。

当无法满足锚固长度的要求时，应采取其他有效的锚固措施。

受剪和受压直锚筋的锚固长度不应小于 $15d$。

预埋件的锚筋应位于构件的外层主筋内侧。锚板构造及锚筋截面面积的计算可参照有关规范的规定进行。

第三节　插筋和锚筋

一、插筋埋设

1. 设置插筋的一般要求

设置在水工混凝土内的插筋都用钢筋制作，主要起定位的作用。

（1）按设计位置固定插筋，其埋置深度一般不小于 30 倍插筋直径（插筋直径的选择根据受力大小决定，一般选用 16～20mm）。

（2）用 HPB300 钢筋作插筋时，为了描固可靠，通常需加设弯钩。

（3）对于精度要求较高的插筋，如地脚螺丝等，一期混凝土施工中往往不能确保埋设质量，可采取预留孔洞浇筑二期混凝土的方法或插筋穿入样板埋入，以保证插筋相对位置的正确。

2. 插筋埋设方法

（1）插筋埋设方法常采用的有 3 种，如图 7-2 所示，一般说，这 3 种插筋的埋设都比较简单。

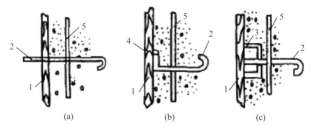

(a)　　　　　　　(b)　　　　　　　(c)

图 7-2　插筋埋设方法

1—模板；2—插筋；3—预埋木盒；4—固定钉；5—结构钢筋

图 7-2(a),优点是一次成型,不易走样;缺点是模板需钻洞,拆模比较困难,模板损坏较多。

图 7-2(b),优点是不影响模板架立,拆卸速度快,但是拆模后需扳直插筋。如果采用把插筋绑焊在结构钢筋上,可以不位移。但若模板稍有走样时,就不易找到钢筋埋设位置。

图 7-2(c),特别适用于滑动(垂直或水平)模板内埋件的埋设施工;缺点是增加了拆木盒、焊接加长和预留盒内混凝土凿毛的工作量。

综上所述,经过比较,当插筋数量很多时,建议采用如图 7-2(b)的埋设方法。

(2) 对于精度要求高的地脚螺栓的埋设,常采用以下 3 种方法,如图 7-3 所示。图 7-3(a)为样板定位,确保插筋相对位置不变。图 7-3(b)为螺栓,下端加焊钢筋支架,坐落在老混凝土面或其他紧固的基面上,以确保埋设高程,再与面层结构钢筋焊连,从而保证平面位置准确。在混凝土浇筑中还应该采取措施,避免面层结构钢筋因重压或踩动而变形。图 7-3(c)是在一次埋设精度不能满足设计要求的情况下,采用二期混凝土埋设。

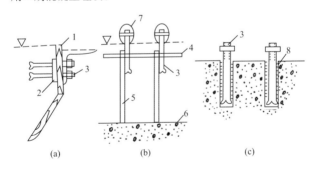

图 7-3 地脚螺栓埋设方法

1—模板;2—垫板;3—地脚螺栓;4—结构钢筋;5—支撑钢筋;6—建筑缝;
7—保护套;8—钻孔

对于精度要求更高的地脚螺栓埋设,均需经过测量放样和验收两道工序,特别是在混凝土浇筑过程中随时检查。

二、锚筋设计

在水工混凝土施工中，常用锚筋来使新老混凝土结合，解决水工结构物的稳定和机械设备的固定问题。这种锚筋埋入深度较浅，一般不超过 2～3m，而用于基础边坡岩石稳定的锚筋，一般直径较粗（$\phi25\sim32$mm），埋入深度较深（5～7.5m），俗称长杆锚筋。

锚筋设计主要是埋入深度和锚固力的计算。

1. 埋入深度

对于锚筋埋入长度，即埋入深度主要由受力情况、地质条件、锚固和黏结强度决定。工程实践证明，当锚筋埋入长度大于 25 倍锚筋直径时，锚固力一般均可满足设计要求；当锚筋埋入深度超过 3m 时，锚固力增加很少，但耗费大量钢筋。

现以护坦采用锚筋锚固为例，如图 7-4 所示，计算锚筋埋入深度。

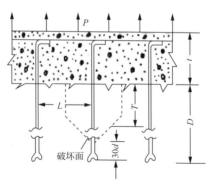

图 7-4　钢筋锚固

假定每根锚筋所担负的面积上总的上托力为 P，锚筋至少深入基岩深度为 T，以利用基岩及混凝土的重量来平衡这个上托力：

$$P = (1.4t + 1.7T)L^2 = pL^2 \qquad (7\text{-}1)$$

式中：P——总的上托力，kN；

T——基岩深度，m；

t——底板厚度，m；

L——锚固间距，m；

p——单位面积上的浮托力，kN/m²。

1.4、1.7 为混凝土及基岩的浮容重。

由式(7-1)求出 T，再考虑锚固的安全锚固长度和考虑钢筋拔出时岩石的断裂形状，可知锚筋埋入深度 D 应为：

$$D = T + \frac{L}{4} + 30d \qquad (7-2)$$

式中：L——锚筋间距，mm；

D——锚筋直径，mm。

为了增强锚固能力，施工中常将锚筋端部开叉（俗称"鱼尾"），插入钢楔，打入锚固钻孔内，再用水泥砂浆灌注固结。

当受拉锚筋的锚固长度受到限制时，可采取增加锚固能力和抗剪能力的措施。

不同锚固深度钢筋所承受的力和占荷重的比例见表 7-1。

表 7-1　不同锚固深度钢筋所承受的力和占荷重的百分数

锚固深度/m	0.79	0.99	1.19	1.49	1.99	2.49	破坏总拉力
承受拉力/10⁴ kN	13.18	9.99	6.15	2.65	0.88	0.18	为 45.4×
占荷重百分数	29.0%	21.8%	13.5%	4.7%	1.9%	0.4%	10⁴ kN

2. "鱼尾"尺寸选择

为了加强锚筋的锚固能力，常在锚筋尾部开叉"鱼尾"，"鱼尾"能造成锚筋与孔壁间产生摩擦力，起锚固作用。鱼尾与孔壁的接触面积越大，其锚固性能越好。

"鱼尾"尺寸计算可采用式(7-3)，图 7-5 为其计算简图。

$$C = \frac{l}{\tan \frac{\alpha}{2}} = \frac{b - k - d_1 + d}{2\tan \frac{\alpha}{2}} = h\left(1 - \frac{k + d_1 - d}{b}\right)$$

$$(7-3)$$

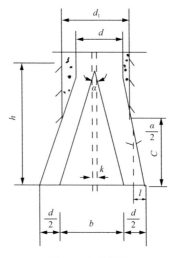

图 7-5　钢筋锚固

式中：C——接触面高度，mm；

　　　d——锚筋直径，mm；

　　　b——楔子底宽，mm；

　　　α——楔子两斜面夹角；

　　　d_1——锚筋孔孔径，mm；

　　　k——楔缝宽，一般 2～5mm；

　　　h——楔子高度，mm。

从式(7-3)可知，提高锚固力的途径即增大 C 值的方法有：

(1) 加大钢楔长度(不宜超过 150mm)。

(2) 减少钻孔直径与锚筋直径的差值。

(3) 减小钢楔两斜面的夹角。

(4) 加大钢楔厚度。

"鱼尾"长度一般按试验确定，但初步选择时，常按锚筋直径的 3～5 倍确定其长度。根据某工地进行锚筋开叉加楔的试验，以 $\phi28mm$ 锚筋为例，比较合理的尺寸见表 7-2。

表 7-2　　　　钢筋开叉、钢楔尺寸参考表（$\phi28mm$ 为例）

锚筋开叉	d	l_1	d_1	d_2
	mm	cm	mm	mm
	28	10～16	1.1～1.6	1.1～1.2

钢楔	l_2	l_3	d_3	α	L
	cm	cm	mm	(°)	cm
	5～8	5～8	25	10	8～12

3. 锚筋材料和规格尺寸

基础锚固通常用 HPB300 级钢筋加工成锚筋,为提高锚固力,其端部均开叉加钢楔。钢筋的规格尺寸均经过计算确定。锚筋直径一般不小于 25mm、不大于 32mm,较多选用 28mm。

三、锚筋埋设要求和方法

1. 埋设要求

根据计算和实践,锚筋锚固力的大小,决定于锚筋与孔内砂浆结合情况、孔壁本身的强度以及砂浆与孔壁结合程度。所以,锚筋埋设的要求是锚筋与砂浆、砂浆与孔壁结合紧密,孔内砂浆应具有足够的强度,以适应锚筋和孔壁岩石的强度。

2. 埋设方法

锚筋埋设分先插筋后填砂浆和先灌满砂浆而后插筋两种。

锚筋埋设嵌固形式有 4 种:①锚筋无叉,孔口加楔,孔内填筑砂浆。②锚筋开叉、有楔,孔口无楔,孔内填筑砂浆。③锚筋开叉,有楔,孔口加楔,孔内填筑砂浆。④锚筋开叉,有楔,孔口加楔,孔内不填砂浆。其中采用第③种形式的工程最多。

长杆锚筋(大于 3m)在基岩中埋设方法:①先用压力水将孔内石渣灰粉冲洗干净,再用高压空气通过三叉形吹管将孔内积水吹干。②孔内填入砂浆(先填孔深的1/3)。③搭设孔口平台,细心而稳当地把锚筋插入孔内直至设计要求埋入深度。④孔口加钢楔固定。

在长杆锚筋埋设中,常遇到钻孔偏斜、孔壁粗糙现象。在插入锚筋时要尽量使锚筋头不冲撞孔壁,缓慢下送,遇有阻碍要轻轻加压或反复上拔下插,不宜拔得太高。当岩石破碎、节理发育而造成塌孔时,一般是拔出锚筋重新冲孔、清孔后重埋,或者硬性打入,如果塌孔严重,锚筋埋不到设计深度,而且相差较大,只有重新开孔埋设。

在基岩中的锚筋孔,由于渗水不断,孔内不易排干或者根本无法排干,遇到这种情况(是经常出现的)就要求锚筋端部开叉加楔、孔口加楔,同时做好施工准备,孔内刚一干净,立即投入干拌水泥砂浆,以最快的速度填水泥砂浆、插锚筋,并根据需要加入经过试验的速凝剂(如水玻璃),以加快水泥砂浆凝固速度,及早截住渗水。锚筋埋设工艺流程见图7-6。

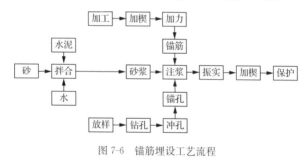

图7-6 锚筋埋设工艺流程

第四节 支   座

一、支座类别及其布置

1. 支座种类

在水工混凝土建筑物中,用于支承钢结构构件的屋架、梁和混凝土预制梁、板的支座种类很多,其形式有柔性和刚性之分。支座的结构也是多种多样,特别是刚性支座应用范围较广。柔性支座指油毛毡垫层，它一般用于小构件、重量轻的构件的安装。

刚性支座常用的结构有抹面坐浆支座、角钢支座、平面支座和弧面钢支座4种，如图7-7所示。此外，还有为专门要求而设置的支座，如系船柱支座等。

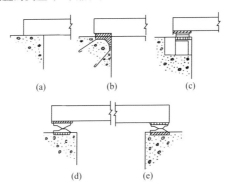

(a)　　　　　　(b)　　　　　　(c)

(d)　　　　　　(e)

图7-7　刚性支座常用结构形式

2. 支座结构形式的选择和质量要求

（1）设计。用于梁安装的支座，主要作用是使梁放置平稳，必要时将上下支座焊接，加强梁的连接。对于公路梁和铁路梁的支座，则要求一端固定，另一端活动，以利梁的伸缩。

支座设计包括两个方面。第一是支座的承载能力和支座本身的稳定，第二是支座基础的抗剪强度。

以墩墙式牛腿上安装梁支座为例，其结构形式如图7-8所示。

图7-8(a)(b)所示两种结构，埋设施工有以下不足：钢板（或角钢）下混凝土不易密实，支座钢板易翘曲，安装效率低，不安全。经过对混凝土墩顶范围内局部挤压应力和主拉应力验算，在墩顶混凝土增加构造钢筋，如图7-8(c)所示，并在混凝土浇筑完毕，支座范围内抹平，这样可以省去上下支座的安装，实践证明这种支座结构质量易于保证，施工简便。

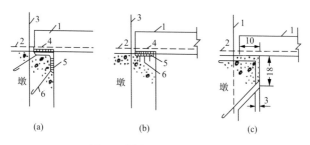

图 7-8　梁支座结构(单位:cm)

1—梁;2—钢筋;3—墩钢筋;4—支座钢板;5—侧支座钢板;6—加强筋

分有上下的支座,上支座一般先焊固于梁上或预制时埋入梁的混凝土内,而下支座要在混凝土墩墙顶面安装,其位置、高程,要就上支座进行调整,直至满足设计要求。

(2)质量要求。梁支座的安装误差一般控制标准:支座面的平整度允许误差±0.2mm;两端支座面高差允许±5mm;平面位置误差±10mm。从这几项允许误差标准看出,对梁支座安装的突出要求是支座平、稳,位置准确。

当支座面板面积大于25cm×25cm,应在支座板上均匀布置2～6个排气(水)孔,孔径20mm左右,此孔应事先钻好,不应在现场用氧气烧割,否则"焊镏子"不易清除。

二、支座安装埋设

1. 支座加工

钢支座加工一直采用手工电弧焊把钢板和U形锚筋焊成Ⅱ形,但实际加工大多做成U形,也有L形焊的,见图7-9。

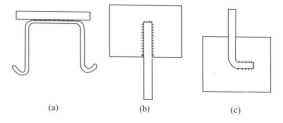

图 7-9　支座锚筋焊接形式(一)

这种结构形式加工速度慢,焊接质量不易保证。试验研究表明,这种支座结构因锚筋冷弯变脆,焊后极易断裂,而且锚筋冷弯角度越大,其承载能力下降越多。

采用如图 7-10 所示的两种形式,顶焊或铆塞焊,经过比较,采用后者质量最好,当然加工要求比较高。

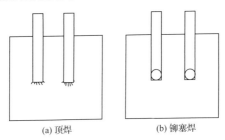

(a) 顶焊　　　　　　　　(b) 铆塞焊

图 7-10　支座锚筋焊接形式(二)

在焊接钢板支座板时,要防止钢板变形,必须采取使钢板受热均匀和充分冷却两项措施,否则支座面板会翘曲,所谓受热均匀,就是在焊固锚筋时,要间隔焊避免热量集中,增加焊接变形。所谓充分冷却,就是在支座加工时,采用流水作业并采取适当的降温措施。实践证明,这是避免支座面板翘曲和变形的有效措施。

2. 安装埋设

为了保证支座的安装精度,减小施工干扰,支座的安装一般采用二期施工法。当然对于安装精度要求不高、未设专门安装台口的支座仍应以一次埋设安装比较省时。

现以水工混凝土建筑物(坝、船闸、发电厂房等)上预制梁支座埋设安装为例,叙述其工序(见图 7-11)。

(1) 准备工作。挂设安全网;凿毛(台面、侧面);测量放样,在台口侧墙和上下游墙上测放高程、支座中心线、标出梁档距离等。

(2) 安装。

1) 焊接支架和导向定位钢筋。拉支座中心线,接高插筋,引用放样高程,在插筋上焊两根水平导向定位钢筋(钢筋

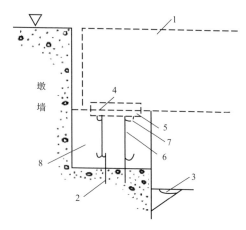

图 7-11　预制梁支座安装埋设程序

1—梁;2—插筋;3—安全网;4—上支座钢板;5—下支座钢板;
6—下支座钢筋;7—行间定位钢筋;8—二期混凝土

顶面高程为设计安装高程减去支座钢板厚度)。两导向定位钢筋宽度要小于支座钢板宽度而大于支座上锚筋外缘距离。要求两根导向钢筋用水平尺控制在同一高程。

2)安放支座、定位。把支座放在导向钢筋上,先以支座中心线确定位置后调整高程,再用水平尺在 3 个方向上检查支座面平整度。当高程、平面位置确定无误后,将支座与定位钢筋点焊定位。当支座面板低了或不平,则在钢板与定位钢筋间加垫薄铁板进行调正(一般调低的时候居多),直到符合设计要求后,将三者(支座面板、定钢筋和垫铁)点焊牢固。

3)测量验收。用经纬仪控制,用水平仪检查高程。支座面高程误差一般控制在±2mm,并尽量为正误差。当误差超过允许范围时,应进行返工,有时要反复多次调整直至全部合格后,再加固焊牢。

三、浇筑二期混凝土

在架立模板对,固定模板的拉条不得连在支座和定位钢筋的任何部位,以防支座变位。混凝土浇筑中,要有预埋工人值班保护支座,振捣器等不得硬性碰撞支座,严格控制混凝土收仓高程低于支座板面 2～4mm,即使个别骨料也不得高出支座钢板面。

在实际安装埋设中,由于采用了导向定位钢筋,大大提高了安装速度,提高了安装质量,一般都能一次验收合格。

第五节 吊　　环

一、吊环设计

1. 吊环埋设形式

从图 7-12 中看出,吊环不同埋设形式是根据构件的结构尺寸、重量等决定的,不管采取哪一种埋设形式,最基本的应满足吊环埋入的锚固长度不小于 30 倍钢筋直径,埋入深度不够时,可焊在受力钢筋上,锚固长度仍不少于 30 倍钢筋直径。

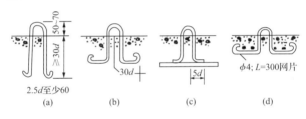

图 7-12　支座锚筋焊接形式

2. 吊环计算

钢筋吊环计算简图如图 7-13 所示,其计算公式为

$$A_g = \frac{K \cdot G \cdot 10^4}{n \cdot 2 \cdot R_g \cdot \sin\alpha} \qquad (7-4)$$

式中:A_g——一个吊环面积,cm^2;

$\quad\quad G$——构件自重,N;

$\quad\quad R_g$——HPB300 钢筋受拉设计强度,Pa;

$\quad\quad n$——吊环数,当两个吊环时取 2,当 4 个吊环时取 3;

$\quad\quad \alpha$——吊索与水平的夹角,一般为 45°。

如将以上数值代入公式可简化为(取 $K=4$):

采用 2 个吊环时：$A_g=6.01\times10^{-5}G=1.47V$

采用 4 个吊环时：$A_g=4.01\times10^{-5}G=0.98V$

式中 V 为构件体积，m^3，混凝土容重取 24.5kN/m^3。

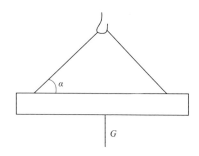

图 7-13　钢筋吊环计算简图

常用吊环直径选择见表 7-3。

表 7-3　　　　　　　吊环直径选用表

吊环直径 /mm	构件体积/m^3		构件重/(9.8kN)	
	2 个吊环	4 个吊环	2 个吊环	4 个吊环
6	0.19	0.29	0.48	0.73
8	0.34	0.52	0.86	1.29
10	0.53	0.80	1.34	2.00
12	0.77	1.15	1.92	2.87
14	1.05	1.57	2.62	3.93
16	1.37	2.04	3.42	5.11
18	1.73	2.60	4.32	6.49
20	2.14	3.21	5.35	8.02
22	2.59	3.88	6.47	9.70
25	3.34	5.00	8.35	12.50
28	4.19	6.28	10.48	15.70
32	5.47	8.20	13.70	20.50

注：表中"构件重"实际为构件重力，单位为 kN。

二、吊环埋设要求

（1）吊环采用 HPB300 钢筋，端部加弯钩，不得使用冷处理钢筋，且尽量不用含碳量较多的钢筋。

（2）吊环埋入部分表面不得有油渍、污物和浮锈（水锈除外）。

（3）吊环应居构件中间埋入，并不得歪斜。

（4）露出之环圈不宜太高或太矮，以保证卡环装拆方便为度，一般高度 15cm 左右或按设计要求保留。

（5）构件起吊强度应满足规范要求，否则不得使用吊环，在混凝土浇筑中和浇筑后凝固过程中，不得晃动或使吊环受力。

第八章

钢筋工程安全施工技术

特别提示

钢筋工程施工一般要求：

(1) 进入施工现场人员必须正确戴好合格的安全帽，系好下颚带，锁好带扣；

(2) 作业时必须按规定正确使用个人防护用品，着装要整齐，严禁赤脚和穿拖鞋、高跟鞋进入施工现场；

(3) 在没有可靠安全防护设施的高处(2m以上含2m)和陡坡施工时，必须系好合格的安全带，安全带要系挂牢固，高挂低用，同时高处作业不得穿硬底和带钉易滑的鞋，穿防滑胶鞋；

(4) 新进场的作业人员，必须首先参加入场安全教育培训，经考试合格后方可上岗，未经教育培训或考试不合格者，不得上岗作业；

(5) 从事特种作业的人员，必须持证上岗，严禁无证操作，禁止操作与自己无关的机械设备；

(6) 施工现场禁止吸烟，禁止追逐打闹，禁止酒后作业；

(7) 施工现场的各种安全防护设施、安全标志等，未经领导及安全员批准严禁随意拆除和挪动。

第一节 钢 筋 加 工

一、冷拉

(1) 作业前，必须检查卷扬机钢丝绳、地锚、钢筋夹具、电气设备等，确认安全后方可作业；

（2）冷拉时，应设专人值守，操作人员必须位于安全地带，钢筋两侧3m以内及冷拉线两端严禁有人，严禁跨越钢筋和钢丝绳，冷拉场地两端地锚以外应设置警戒区，装设防护挡板及警告标志；

（3）卷扬机运转时，严禁人员靠近冷拉钢筋和牵引钢筋的钢丝绳；

（4）运行中出现滑脱、绞断等情况时，应立即停机；

（5）冷拉速度不宜过快，在基本拉直时应稍停，检查夹具是否牢固可靠，严格按安全技术交底表要求控制伸长值；

（6）冷拉完毕，必须将钢筋整理平直，不得相互乱压和单头挑出，未拉盘筋的引头应盘住，机具拉力部分均应放松再装夹具；

（7）维修或停机，必须切断电源，锁好箱门。

二、切断

（1）操作前必须检查切断机刀口，确定安装正确，刀片无裂纹，刀架螺栓紧固，防护罩牢靠，空运转正常后再进行操作。

（2）钢筋切断应在调直后进行，断料时要握紧钢筋，带肋钢筋一次只能切断一根。

（3）切断钢筋，手与刀口的距离不得小于15cm。断短料手握端小于40cm时，应用套管或夹具将钢筋短头压住或夹住，严禁用手直接送料。

（4）机械运转中严禁用手直接清除刀口附近的断头和杂物，在钢筋摆动范围内和刀口附近，非操作人员不得停留。

（5）作业时应摆直、紧握钢筋，应在活动切口向后退时送料入刀口，并在固定切刀一侧压住钢筋，严禁在切刀向前运动时送料，严禁两手同时在切刀两侧握住钢筋俯身送料。

（6）发现机械运转异常、刀片歪斜等，应立即停机检修。

（7）作业中严禁进行机械检修、加油、更换部件，维修或停机时，必须切断电源，锁好箱门。

三、弯曲

（1）工作台和弯曲工作盘台应保持水平，操作前应检查

芯轴、成型轴、挡铁轴、可变挡架有无裂纹或损坏,防护罩牢固可靠,经空运转确认正常后,方可作业;

（2）操作时要熟悉倒顺开关控制工作盘旋转的方向,钢筋放置要和挡架、工作盘旋转方向相配合,不得放反;

（3）改变工作盘旋转方向时,必须在停机后进行,即从正转-停-反转,不得直接从正转-反转或从反转-正转;

（4）弯曲机运转中严禁更换芯轴、成型轴和变换角度及调速,严禁在运转时加油或清扫;

（5）弯曲钢筋时,严格依据使用说明书要求操作,严禁超过该机对钢筋直径、根数及机械转速的规定;

（6）严禁在弯曲钢筋的作业半径内和机身不设固定销的一侧站人;

（7）弯曲未经冷拉或有锈皮的钢筋时,必须戴护目镜及口罩;

（8）作业中不得用手清除金属屑,清理工作必须在机械停稳后进行;

（9）检修、加油、更换部件或停机,必须切断电源,锁好箱门。

四、钢筋运输

（1）作业前应检查运输道路和工具,确认安全;

（2）搬运钢筋人员应协调配合,互相呼应;搬运时必须按顺序逐层从上往下取运,严禁从下抽拿;

（3）运输钢筋时,必须事先观察运行上方或周围附近是否有高压线,严防碰触;

（4）运输较长钢筋时,必须事先观察清楚周围的情况,严防发生碰撞;

（5）使用手推车运输时,应平稳推行,不得抢跑,空车应让重车;卸料时,应设挡掩,不得撒把倒料;

（6）使用汽车运输,现场道路应平整坚实,必须设专人指挥;

（7）用塔吊吊运时,吊索具必须符合起重机械安全规程要求,短料和零散材料必须要用容器吊运。

五、成品码放

（1）严禁在高压线下码放材料；

（2）材料码放场地必须平整坚实，不积水；

（3）加工好的成品钢筋必须按规格尺寸和形状码放整齐，高度不超过 150cm，并且下面要垫枕木，标识清楚；

（4）弯曲好的钢筋码放时，弯钩不得朝上；

（5）冷拉过的钢筋必须将钢筋整理平直，不得相互乱压和单头挑出，未拉盘筋的引头应盘住；

（6）散乱钢筋应随时清理堆放整齐；

（7）材料分堆分垛码放，不可分层叠压；

（8）直条钢筋要按捆成行叠放，端头一致平齐，应控制在三层以内，并且设置防倾覆、滑坡设施。

第二节　钢　筋　焊　接

一、一般规定

（1）金属焊接作业人员，必须经专业安全技术培训，考试合格，持《特种作业操作证》方准上岗独立操作。非电焊工严禁进行电焊作业。

（2）操作时应穿电焊工作服、绝缘鞋和戴电焊手套、防护面罩等安全防护用品，高处作业时系安全带。

（3）电焊作业现场周围 10m 范围内不得堆放易燃易爆物品。

（4）雨、雪、风力六级以上（含六级）天气不得露天作业。雨、雪后应清除积水、积雪后方可作业。

（5）操作前应首先检查焊机和工具，如焊钳和焊接电缆的绝缘、焊机外壳保护接地和焊机的各接线点等，确认安全合格方可作业。

（6）严禁在易燃易爆气体或液体扩散区域内、运行中的压力管道和装有易燃易爆物品的容器内以及受力构件上焊接和切割。

（7）焊接曾储存易燃、易爆物品的容器时，应根据介质进行多次置换及清洗,并打开所有孔口,经检测确认安全后方可施焊。

(8) 在密封容器内施焊时,应采取通风措施。间歇作业时焊工应到外面休息。容器内照明电压不得超过 12V。焊工身体应用绝缘材料与焊件隔离。焊接时必须设专人监护,监护人应熟知焊接操作规程和抢救方法。

(9) 焊接铜、铝、铅、锌合金金属时,必须穿戴防护用品,在通风良好的地方作业。在有害介质场所进行焊接时,应采取防毒措施,必要时进行强制通风。

(10) 施焊地点潮湿或焊工身体出汗后而使衣服潮湿时,严禁靠在带电钢板或工件上,焊工应在干燥的绝缘板或胶垫上作业,配合人员应穿绝缘鞋或站在绝缘板上。

(11) 焊接时临时接地线头严禁浮搭,必须固定、压紧,用胶布包严。

(12) 操作时遇下列情况必须切断电源:

1) 改变电焊机接头时。

2) 更换焊件需要改接二次回路时。

3) 转移工作地点搬动焊机时。

4) 焊机发生故障需进行检修时。

5) 更换保险装置时。

6) 工作完毕或临时离操作现场时。

(13) 高处作业必须遵守下列规定:

1) 必须使用标准的防火安全带,并系在可靠的构架上。

2) 必须在作业点正下方 5m 外设置护栏,并设专人监护。必须清除作业点下方区域易燃、易爆物品。

3) 必须戴盔式面罩。焊接电缆应绑紧在固定处,严禁绕在身上或搭在背上作业。

4) 焊工必须站在稳固的操作平台上作业,焊机必须放置平稳、牢固,设有良好的接地保护装置。

(14) 操作时严禁焊钳夹在腋下去搬被焊工件或将焊接电缆挂在脖颈上。

(15) 焊接时二次线必须双线到位,严禁借用金属管道、金属脚手架、轨道及结构钢筋作回路地线。焊把线无破损，绝缘良好。焊把线必须加装电焊机触电保护器。

（16）焊接电缆通过道路时，必须架高或采取其他保护措施。

（17）焊把线不得放在电弧附近或炽热的焊缝旁。不得碾轧焊把线。应采取防止焊把线被尖利器物损伤的措施。

（18）清除焊渣时应佩戴防护眼镜或面罩。焊条头应集中堆放。

（19）下班后必须拉闸断电，必须将地线和把线分开。并确认火已熄灭方可离开现场。

二、电焊设备

（1）电焊机必须安放在通风良好、干燥、无腐蚀介质、远离高温高湿和多粉尘的地方。露天使用的焊机应搭设防雨篷，焊机应用绝缘物垫起，垫起高度不得小于 20cm，按规定配备消防器材。

（2）电焊机使用前，必须检查绝缘及接线情况，接线部分必须使用绝缘胶布缠严，不得腐蚀、受潮及松动。

（3）电焊机必须设单独的电源开关、自动断电装置。一次侧电源线长度应不大于 5m，二次线焊把线长度应不大于 30m。两侧接线应压接牢固，必须安装可靠防护罩。

（4）电焊机的外壳必须设可靠的接零或接地保护。

（5）电焊机焊接电缆线必须使用多股细铜线电缆，其截面应根据电焊机使用规定选用。电缆外皮应完好、柔软，其绝缘电阻不小于 1MΩ。

（6）电焊机内部应保持清洁。定期吹净尘土。清扫时必须切断电源。

（7）电焊机启动后，必须空载运行一段时间。调节焊接电流及极性开关应在空载下进行。直流焊机空载电压不得超过 90V，交流焊机空载电压不得超过 80V。

（8）使用交流电焊机作业应遵守下列规定：

多台焊机接线时三相负载应平衡，初级线上必须有开关及熔断保护器。

电焊机应绝缘良好。焊接变压器的一次线圈绕组与二次线圈绕组之间、绕组与外壳之间的绝缘电阻不得小于 1MΩ。

电焊机的工作负荷应依照设计规定，不得超载运行。作业中应经常检查电焊机的温升，超过 A 级 60℃、B 级 80℃时必须停止运转。

（9）使用硅整流电焊机作业应遵守下列规定：

1）使用硅整流电焊机时，必须开启风扇，运转中应无异响，电压表指示值应正常。

2）应经常清洁硅整流器及各部件，清洁工作必须在停机断电后进行。

（10）使用氩弧焊机作业应遵守下列规定：

1）氩气减压阀、管接头不得沾有油脂。安装后应试验，管路应无障碍、不漏气。

2）水冷型焊机冷却水应保持清洁，焊接中水流量应正常，严禁断水施焊。

3）高频氩弧焊机，必须保证高频防护装置良好，不得发生短路。

4）更换钨极时，必须切断电源。磨削钨极必须戴手套和口罩。磨削下来的粉尘应及时清除。钍、铈钨极必须放置在密闭的铅盒内保存，不得随身携带。

5）氩气瓶内氩气不得用完，应保留 98～226kPa。氩气瓶应直立、固定放置，不得倒放。

6）作业后切断电源，关闭水源和气源。焊接人员必须及时脱去工作服，清洗手脸和外露的皮肤。

（11）使用二氧化碳气体保护焊机作业应遵守下列规定：

1）作业前预热 15min，开气时，操作人员必须站在瓶嘴的侧面。

2）二氧化碳气体预热器端的电压不得高于 36V。

3）二氧化碳瓶应放在阴凉处，不得靠近热源。最高温度不得超过 30℃，并应放置牢靠。

4）作业前应进行检查，焊丝的进给机构、电源的连接部分、二氧化碳气体的供应系统以及冷却水循环系统均应符合要求。

(12) 使用埋弧自动、半自动焊机作业应遵守下列规定：

1) 作业前应进行检查,送丝滚轮的沟槽及齿纹应完好,滚轮、导电嘴(块)必须接触良好,减速箱油槽中的润滑油应充量合格。

2) 软管式送丝机构的软管槽孔应保持清洁,定期吹洗。

(13) 焊钳和焊接电缆应符合下列规定：

1) 焊钳应保证任何斜度都能夹紧焊条,且便于更换焊条。

2) 焊钳必须具有良好的绝缘、隔热能力。手柄绝热性能应良好。

3) 焊钳与电缆的连接应简便可靠,导体不得外露。

4) 焊钳弹簧失效,应立即更换。钳口处应经常保持清洁。

5) 焊接电缆应具有良好的导电能力和绝缘外层。

6) 焊接电缆的选择应根据焊接电流的大小和电缆长度,按规定选用较大的截面积。

7) 焊接电缆接头应采用铜导体,且接触良好,安装牢固可靠。

第三节　钢筋绑扎与安装

一、钢筋绑扎

(1) 绑扎基础钢筋,应按规定安放钢筋支架、绑扎凳,铺设走道板(脚手板)。

(2) 在高处(2m 以上含 2m)绑扎立柱和墙体钢筋时,不得站在钢筋骨架上或攀登骨架上下,必须搭设脚手架或操作平台和马道。脚手架应搭设牢固,作业面脚手板要满铺、绑牢,不得有探头板、非跳板,临边应搭设防护栏杆和支挂安全网。

(3) 绑扎圈梁、挑梁、挑檐、外墙和边柱等钢筋时,应站在脚手架或操作平台上作业。

（4）脚手架或操作平台上不得集中码放钢筋，应随使用随运送，不得将工具、箍筋或短钢筋随意放在脚手架上。

（5）严禁从高处向下方抛扔或从低处向高处投掷物料。

（6）在高处楼层上拉钢筋或钢筋调向时，必须事先观察运行上方或周围附近是否有高压线，严防碰触。

（7）绑扎钢筋的绑丝头，应弯回至骨架内侧，暂停绑扎时，应检查所绑扎的钢筋或骨架，确认连接牢固后方可离开现场。

（8）六级以上强风和大雨、大雪、大雾天气必须停止露天高处作业。在雨、雪后和冬季，露天作业时必须先清除水、雪、霜、冰，并采取防滑措施。

（9）要保持作业面道路通畅，作业环境整洁。

（10）作业中出现不安全险情时，必须立即停止作业，撤离危险区域，报告领导解决，严禁冒险作业。

二、钢筋安装

（1）利用机械吊装钢筋骨架时，应有专人指挥，骨架下严禁站人。骨架降落到作业面上 1m 以内时，方向扶正就位，检查无误后方可摘钩。

（2）高空安装钢筋骨架，必须搭好脚手架，不允许以墙或降运输车斗代替脚手架。现场操作人员不得穿硬底和打钉易滑的鞋，工具放在工具袋内，传递物品禁止抛掷，以防滑落伤人。

（3）尽可能避免在高处修整，高超粗的钢筋，必须进行这种操作时，操作人员要系好安全带，选好位置。人站稳后再操作。

（4）在吊装钢筋骨架时，不要碰撞脚手架、电线等物品。

（5）钢筋绑扎安装完毕至混凝土浇筑完成前，不准在钢筋成品上行车走人，对于各种原因引起的钢筋弯形、位移，要及时修整。

第四节　钢筋工程冬期施工

一、一般规定

（1）钢筋调直冷拉温度不宜低于−20℃。预应力钢筋张拉温度不宜低于−15℃。

（2）钢筋负温焊接，可采用闪光对焊、电弧焊、电渣压力焊等方法。当采用细晶粒热轧钢筋时，其焊接工艺应经试验确定。当环境温度低于−20℃时，不宜进行施焊。

（3）负温条件下使用的钢筋，施工过程中应加强管理和检验，钢筋在运输和加工过程中应防止撞击和刻痕。

（4）钢筋张拉与冷拉设备、仪表和液压工作系统油液应根据环境温度选用，并应在使用温度条件下进行配套校验。

（5）当环境温度低于−20℃时，不得对 HRB400 钢筋进行冷弯加工。

二、钢筋负温焊接

（1）雪天或施焊现场风速超过三级风焊接时，应采取遮蔽措施，焊接后未冷却的接头应避免碰到冰雪。

（2）热轧钢筋负温闪光对焊，宜采用预热—闪光焊或闪光—预热—闪光焊工艺。钢筋端面比较平整时，宜采用预热—闪光焊；端面不平整时，宜采用闪光—预热—闪光焊。

（3）钢筋负温闪光对焊工艺应控制热影响区长度。焊接参数应根据当地气温按常温参数调整。

采用较低变压器级数，宜增加调整长度、预热留量、预热次数、预热间歇时间和预热接触压力，并宜减慢烧化过程的中期速度。

（4）钢筋负温电弧焊宜采取分层控温施焊。热轧钢筋焊接的层间温度宜控制在 150～350℃。

（5）钢筋负温电弧焊可根据钢筋牌号、直径、接头形式和焊接位置选择焊条及焊接电流。焊接时应采取防止产生过热、烧伤、咬边和裂缝等措施。

（6）钢筋负温帮条焊或搭接焊的焊接工艺应符合下列规定：

1）帮条与主筋之间应采用四点定位焊固定，搭接焊时应采用两点固定；定位焊缝与帮条或搭接端部的距离不应小于20mm；

2）帮条焊的引弧应在帮条钢筋的一端开始，收弧应在帮条钢筋端头上，弧坑应填满；

3）焊接时，第一层焊缝应具有足够的熔深，主焊缝或定位焊缝应熔合良好；平焊时，第一层焊缝应先从中间运弧，再向两端运弧；立焊时，应先从中间向上方运弧，再从下端向中间运弧；在以后各层焊缝焊接时，应采用分层控温施焊；

4）帮条接头或搭接接头的焊缝厚度不应小于钢筋直径的30%，焊缝宽度不应小于钢筋直径的70%。

（7）钢筋负温坡口焊的工艺应符合下列规定：

1）焊缝根部、坡口端面以及钢筋与钢垫板之间均应熔合，焊接过程中应经常除渣；

2）焊接时，宜采用几个接头轮流施焊；

3）加强焊缝的宽度应超出 V 形坡边缘 3mm，高度应超出 V 形坡口上下边缘 3mm；并应平缓过渡至钢筋表面；

4）加强焊缝的焊接，应分两层控温施焊。

（8）HRB400 钢筋多层施焊时，焊后可采用回火焊道施焊，其回火焊道的长度应比前一层焊道的两端缩短 4～6mm。

（9）钢筋负温电渣压力焊应符合下列规定：

1）电渣压力焊宜用于 HRB400 热轧带肋钢筋；

2）电渣压力焊机容量应根据所焊钢筋直径选定；

3）焊剂应存放于干燥库房内，在使用前经 250～300℃烘焙 2h 以上；

4）焊接前，应进行现场负温条件下的焊接工艺试验，经检验满足要求后方可正式作业；

5）电渣压力焊焊接参数可按表 8-1 进行选用；

6）焊接完毕，应停歇 20s 以上方可卸下夹具回收焊剂，回收的焊剂内不得混入冰雪，接头渣壳应待冷却后清理。

表 8-1   钢筋负温电渣压力焊焊接参数

钢筋直径 /mm	焊接温度 /℃	焊接电流 /A	焊接电压/V		焊接通电时间/s	
			电弧过程	电渣过程	电弧过程	电渣过程
14～18	−10	300～350	35～45	18～22	20～25	6～8
	−20	350～400				
20	−10	350～400				
	−20	400～450				
22	−10	400～450			25～30	8～10
	−20	500～550				
25	−10	450～500				
	−20	550～600				

第九章

钢筋工程质量控制检查与验收

第一节 钢筋安装的质量检验

钢筋绑扎安装完毕之后,必须根据设计图纸认真检查钢筋的钢号、直径、根数、间距等是否正确,特别要检查钢筋的位置是否正确。然后检查钢筋的搭接长度与接头位置是否符合有关规定,钢筋绑扎有无松动、变形,表面是否清洁,有无铁锈、油污等。钢筋安装的偏差是否在规范规定的允许范围内。在检查中如发现有任何不符合要求的,必须立即纠正。

根据《水工混凝土施工规范》(SL 677—2014)中规定,水工钢筋混凝土工程中的钢筋安装,其质量应符合以下规定:

(1)钢筋的安装位置、间距、保护层及各部分钢筋的大小尺寸,均应符合设计图纸的规定。其偏差不得超过表 9-1 的规定。

表 9-1 钢筋安装的允许偏差

项次	偏差名称		允许偏差
1	钢筋长度方向的偏差		1/2 倍净保护层厚
2	同一排受力钢筋间距的局部偏差	柱及梁	$0.5d$
		板、墙	0.1 倍间距
3	双排钢筋,其排与排间距的局部偏差		0.1 倍排距
4	梁与柱中钢箍间距的偏差		0.1 倍箍筋间距
5	保护层厚度的局部偏差		1/4 倍净保护层厚

（2）现场焊接或绑扎的钢筋网，其钢筋交叉的连接，应按设计文件的规定进行。如设计文件未做规定，且钢筋直径在25mm 以下时，除楼板和墙内靠近外围两行钢筋之相交点应逐点扎牢外，其余可按每隔一个交叉点进行绑扎。

（3）板内双向受力钢筋网，应将钢筋全部交叉点扎牢。柱与梁的钢筋，其主筋与箍筋的交叉点，在拐角处应全部扎牢，其中间部分可每隔一个交叉点扎结一个。

（4）钢筋安装中交叉点的绑扎，直径在 16mm 以上且不损伤钢筋截面时，可采用手工电弧焊进行点焊来代替，但应采用细焊条、小电流进行焊接，并应严加外观检查，钢筋不应有明显的咬边和裂纹。

（5）钢筋安装时应保证混凝土净保护层厚度满足《水土混凝土结构设计规范》(SL191—2008)或设计文件规定的要求。为了保证保护层的必要厚度，应在钢筋与模板之间设置强度不低于设计强度的混凝土垫块。垫块应埋设铁丝并与钢筋扎紧。垫块应互相错开，分散布置。在多排钢筋之间，应用短钢筋支撑以保证位置准确。

（6）柱中箍筋的弯钩，应设置在柱角处，且按垂直方向交错布置。除特殊情况外，所有箍筋应与主筋垂直。

（7）钢筋安装前应设架立筋，架立筋宜选用直径不小于22mm 的钢筋。安装后的钢筋，应有足够的刚性和稳定性。预制的绑扎和焊接钢筋网及钢筋骨架，运输和安装过程中应采取措施防止变形、开焊及松脱。

（8）钢筋架设完毕，应及时妥加保护，防止发生错动、变形和锈蚀。浇筑混凝土之前，应进行详细检查，并填写检查记录。检查合格的钢筋，如长期暴露，应在混凝土浇筑之前重新检查，合格后方可浇筑混凝土。

（9）混凝土浇筑施工中，应安排值班人员经常检查钢筋架立位置，如发现变动应及时矫正。不应擅自移动或拆除钢筋。

第二节 钢筋加工与安装的质量通病及其防治措施

一、原材料的质量问题及其防治措施

1. 钢筋原材料品种、等级混杂不清

原因。入库前材料保管人员没有严格把关,原材料管理混乱,制度不严。

防治。仓库保管人员应认真做好钢筋的验收工作,仓库内应按入库的品种、规格、批次,划分不同的堆放区域,并做明显标志,以便提取和查找。

2. 钢筋全长有局部缓弯或曲折

原因。运输时车辆过短或装车时不注意,造成条状钢筋弯折过度。卸车时吊点不准或堆入场地不平整,堆垛过重等。

防治。采用车身较长的运输车辆,尽量采用吊架装车和卸车。按规定的高度堆垛场地要平整,并不准在其上混放重物。对已弯折的钢筋可用手工或机械调直,但对带肋钢筋的调直应格外注意,调整不直或有裂缝的钢筋,不能用作受力钢筋。

3. 钢筋成型后在弯折处有裂缝

原因。材料的冷弯性能不好,钢筋加工场地的气温太低。

防治。取样复查钢筋的冷弯性能,并分析其化学成分,钢筋加工场所冬季应采取保温措施,使环境温度在 0℃ 以上。

4. 钢筋纵向裂缝

原因。钢筋的轧制工艺不良。

防治。切取实物送专业质量检验部门检验,若化学成分和力学性能不合格,应及时退货或索赔。

二、钢筋加工的质量通病及其防治措施

钢筋加工主要包括调查、切断和弯曲成型三个工序,其质量通病及其防治措施分述如下:

1. 钢筋调直质量通病

钢筋调直最常见的质量问题是钢筋表面损伤过度。

原因。调直机上下压辊间距太小,调直模安装不合适,钢筋表面被调直模擦伤,使钢筋的截面积减少5%以上。

防治。正常情况下,钢筋穿过压辊之后,应保证上下辊间隙为2~3mm。调直时可以根据调直模的磨损情况及钢筋的性质,通过试验确定调直模合适的偏移量。

2. 钢筋切断时的质量通病及其防治

(1) 切断尺寸不准。

原因。定尺卡板活动或刀片间隙过大。

防治。拧紧定尺卡板的坚固螺丝,调整钢筋切断机的固定刀片与冲切刀片间的水平间隙。冲切刀片作水平往复运动的切断机,其固定刀片与冲切刀片的间隙应以0.5~1mm为宜。

(2) 钢筋切断时被顶弯。

原因。弹簧预压力过大,钢筋顶不动定尺板。

防治。调整切断机弹簧的预压力,经试验满足要求后再展开作业,对已被顶弯的钢筋,可以用手锤敲打平直后使用。

(3) 钢筋连切。

原因。弹簧压力不足;传送压辊压力过大,钢筋阻力大。

防治。出现连切现象后,应立即停止工作,查出原因并及时修理。

3. 弯曲成型的质量通病及其防治

(1) 加工的箍筋不规范。

原因。箍筋边长的成型尺寸与设计要求偏差过大,弯曲角度控制不严。

防治。操作时先试弯,检验合格后再批量弯制,一次弯曲多根钢筋时应逐根对齐。对已超过偏差的箍筋,HPB300钢筋可以重新调直后再弯一次,其他品种的钢筋不得重新弯曲。

(2) 弯曲成型后的钢筋变形。

原因。成型钢筋往地面摔得过重或堆放场地不平整,堆放过高而压弯,搬运过于频繁。

防治。搬运堆放时应轻抬轻放,堆放场地应平整,应按施工顺序的先后堆放,避免不必要的重复翻垛。已变形的钢筋可以放到成型台上矫正,变形过大的应视碰伤或局部裂纹的轻重具体处理。

(3) 成型的尺寸不准。

原因。下料不准确,画线方法不对或画线尺寸偏差过大,用手工弯曲时,板距选择不当,角度控制没有采取保证措施。

防治。加强钢筋下料的管理工作,根据实际情况和经验预先确定钢筋的下料长度调整值。为了确保下料画线准确,应制订切实可行的画线程序,操作时搭板子的位置应按规定设置。对形状比较复杂的钢筋或大批量加工的钢筋,应通过试弯确定合适的操作参数,作为大批量弯制的示范。

对已超过标准尺寸的成型钢筋,除 HPB300 钢筋可以调直后重新弯制一次之外,其他品种钢筋不能重新弯制。

4. 钢筋绑扎与安装的质量通病及其防治措施

(1) 钢筋骨架外形尺寸不准。

在模板外绑扎成型的钢筋骨架,往模板内安装时发生放不进去或保护层过厚等问题,说明钢筋骨架外形尺寸不准确,造成钢筋骨架外形尺寸不准确的原因主要包括两个方面,一是加工过程中各号钢筋外形不正确;二是安装质量不符合要求。

原因。安装质量不符合要求的主要表现是:多根钢筋端部未对齐,绑扎时,某号钢筋偏离规定的位置。

防治。绑扎时将多根钢筋端都对齐;防止钢筋绑扎偏斜或骨架扭曲。对尺寸不准的骨架,可将导致尺寸不准的个别钢筋松绑,重新安装绑扎。切忌用锤子敲击,以免其他部位的钢筋发生变形或松动。

(2) 保护层厚度不准。

原因。水泥砂浆垫块的厚度不准或垫块的数量和位置不符合要求。

防治。根据工程需要,分门别类地生产各种规格的水泥的砂浆垫块,其厚度应严格控制,使时应对号入座,切忌乱用,水泥砂浆垫块的放置数量和位置应符合施工规范的要求,并且绑扎牢固。

在混凝土浇筑过程中,在钢筋网片有可能随混凝土振捣而沉落的地方,应采取措施,防止保护层偏差。浇捣混凝土前发现保护层尺寸不准时,应及时采取补救措施。如用铁丝将钢筋位置调整后绑吊在模板棱上,或用钢筋架支托钢筋,以保证保护层厚度准确。

(3)墙柱外伸钢筋位移。

原因。钢筋安装合格后固定钢筋的措施不可靠而产生位移。

浇捣混凝土时,振捣器碰撞钢筋,又未及时修正。

防治。钢筋安装合格后,在其外伸部位加一道临时箍筋,然后用铁卡固定,确保钢筋不外移,在浇捣混凝土时振捣器不碰撞钢筋。混凝土浇捣完应再检查一遍,发现钢筋位移处应及时补救。当钢筋已发生明显的位移时,处理方法须经设计人员同意。一般要调整钢筋,使钢筋到达设计位置,墙中竖钢筋应按不大于1:6坡度进行调整。

(4)拆模后露筋。

原因。水泥砂浆垫块垫得太稀或脱落;钢筋骨架外形尺寸不准,局部触碰模板,振捣器碰撞钢筋,使钢筋位移,松绑而挤靠模板;操作者责任心不强,造成漏振的部位露筋。

防治。钢筋加绑带铁丝的水泥砂浆垫块或塑料卡,避免钢筋紧靠模板而露筋。在钢筋骨架安装尺寸有误差的地方,应用铁丝将钢筋骨架拉向模板,用垫块挤牢。

已产生露筋的地方,范围不大的可用水泥砂浆涂抹。露筋部位混凝土有麻面者,应凿除浮碴,清洗基面,用水泥砂浆分层抹实压实。

重要受力部位及较大范围的露筋,应会同设计单位,经技术鉴定后研究补救办法。

(5)钢筋的搭接长度不够。

原因。现场操作人员对钢筋搭接长度的要求不了解或故意偷工减料。

防治。提高操作人员对钢筋搭接长度必要性的认识和掌握搭接长度的标准;操作时对每个接头应逐个测量,检查搭接长度是否符合设计和规范要求。

(6) 钢筋接头位置错误或接头过多。

原因。不熟悉有关绑扎、焊接接头的规定。配料人员配料时疏忽大意,没分清钢筋处于受拉区还是受压区,造成同截面钢筋接头过多。

防治。配料时应根据库存钢筋的情况,结合设计要求,决定搭配方案。

当梁、柱、墙钢筋的接头较多时,配料加工应根据设计要求预先画施工图,注明各号钢筋的搭配顺序,并根据受拉区和受压区的要求正确决定接头位置和接头数量。

现场绑扎时,应事先详细交底,以免放错位置。若发现接头位置或接头数目不符合规范要求,但未进行绑扎,应再次制订设置方案;已绑扎好的,一般情况下应采取拆除钢筋骨架,重新确定配置绑扎方案再行绑扎。如果个别钢筋的接头位置有误,可以将其抽出,返工重做。

(7) 箍筋的间距不一致。

原因。图纸上所注的间距为近似值,按此近似值绑扎,则箍筋的间距的根数有出入。此外,操作人员绑前不放线,按大概尺寸绑扎,也多造成间距不一致。

防治。绑扎前应根据配筋图预先算好箍筋的实际间距,并画线作为绑扎时的依据。已绑扎好的钢筋骨架发现箍筋的间距不一致时,可以作局部调整或增加 1～2 个箍筋。

(8) 弯起钢筋的放置方向错误。

原因。事先没有对操作人员作认真的交底,造成操作错误,或在钢筋骨架入模前,疏忽大意,造成弯起钢筋方向错误。

防治。对类似易发生操作错误的问题,事先应对操作人员作详细的交底,并加强检查与监督,或者在钢筋骨架上挂提示牌,提醒安装人员注意。

这类错误有时难以发现,造成工程隐患,已发现的必须坚决拆除改正,已浇筑混凝土的构件是否报废或降级使用。

(9)钢筋遗漏。

原因。施工管理不严,没有事先熟悉图纸,各号钢筋的安装顺序没有精心安排,操作前未作详细交底。

防治。绑扎钢筋前必须熟悉图纸,并按钢筋材料表核对配料单和料牌,检查钢筋的规格、数量是否齐全准确。在熟悉图纸的基础上,仔细研究各号钢筋绑扎安装顺序和步骤。在钢筋绑扎前应对操作人员详细交底。钢筋绑扎完毕,应仔细检查并清理现场,检查有无漏绑和遗留现场的钢筋。

漏绑的钢筋必须设法全部补上。简单的骨架将遗漏的钢筋补绑上去即可,复杂的骨架要拆除部分成品才能补上。对已浇筑混凝土的结构或构件,发现钢筋遗漏,要会同设计单位通过结构性能分析来确定处理方案。

(10)钢筋网主副筋位置放反。

原因。操作人员缺乏必要的结构知识,操作疏忽,使用时分不清主副筋的位置,不加区别地随意放入模内。

防治。布置这类结构或构件的绑扎任务时,要向有关人员和直接操作者作专门的交底,对已放错方向的钢筋拆除返工。

(11)梁的箍筋被压弯。

原因。当梁很高大时,图纸上未设纵向构造钢筋或拉筋,箍筋被钢筋骨架的自重或施工荷载压弯。

防治。当梁高大于 700mm 时,在梁的两侧沿高度每隔 300~400mm 设置一根直径不小于 10mm 的纵向钢筋,纵向构造钢筋用拉筋连接。

箍筋已被压弯时,可将箍筋压弯骨架临时支上,补充纵向构造钢筋和拉筋。

(12)结构或构件中预埋件遗漏或错位。

原因。施工时没有认真熟悉图纸中预埋件的位置和数量,直接操作人员或不知道该安放什么预埋件,或安错位置,或安放位置正确但固定不好。

防治。要对操作人员作专门的技术交底,明确安放预埋件的品种、规格、位置与数量,并事先确定固定方法。在浇筑混凝土时,振捣器不要碰撞预埋件。有关人员应相互配合,发现错位或损坏时应及时纠正或补救。

第三节 钢筋工程质量等级评定

一、项目划分

水利水电工程质量检验与评定应进行项目划分。项目按级划分为单位工程、分部工程、单元(工序)工程三级。

一般以每座独立的建筑物为一个单位工程。当工程规模大时,可将一个建筑物中具有独立施工条件的一部分划分为一个单位工程。

分部工程项目划分时,对枢纽工程土建部分按设计的主要组成部分划分;堤防工程,按长度或功能划分;引水(渠道)工程中的河(渠)道按施工部署或长度划分。大、中型建筑物按设计主要组成部分划分;除险加固工程,按加固内容或部位划分。

单元工程划分时,按单元工程评定标准规定进行划分。

二、工程质量检验

施工单位应按《单元工程评定标准》检验工序及单元工程质量,做好施工记录,在自检合格后,填写《水利水电工程施工质量评定表》报监理机构复核。监理机构根据抽检的资料核定单元(工序)工程质量等级。发现不合格单元(工序)工程,应按规程规范和设计要求及时进行处理,合格后才能进行后续工程施工。对施工中的质量缺陷应记录备案,进行统计分析,并在相应单元(工序)工程质量评定表"评定意见"栏内注明。单元(工序)工程质量检验可参考图 9-1 进行。

施工单位应及时将原材料、中间产品及单元(工序)工程质量检验结果送监理单位复核。并按月将施工质量情况送监理单位,由监理单位汇总分析后报项目法人和工程质量监

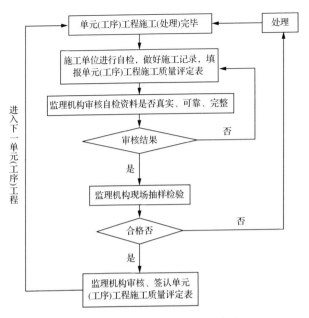

图 9-1　单元工程质量检验工作程序图

督机构。

单位工程完工后,项目法人应组织监理、设计、施工及运行管理等单位组成工程外观质量评定组,现场进行工程外观质量检验评定。并将评定结论报工程质量监督机构核定。

三、施工质量评定

(一)合格标准

合格标准是工程验收标准。不合格工程必须按要求处理合格后,才能进行后续工程施工或验收。

单元(工序)工程施工质量合格标准应按照《单元工程评定标准》或合同约定的合格标准执行。

分部工程施工质量同时满足下列标准时,其质量评为合格:

(1)所含单元工程的质量全部合格。质量事故及质量缺陷已按要求处理,并经检验合格。

（2）原材料、中间产品及混凝土（砂浆）试件质量全部合格，金属结构及启闭机制造质量合格，机电产品质量合格。

单位工程施工质量同时满足下列标准时，其质量评为合格：

（1）所含分部工程质量全部合格；

（2）质量事故已按要求进行处理；

（3）工程外观质量得分率达到70%以上；

（4）单位工程施工质量检验与评定资料基本齐全；

（5）工程施工期及试运行期，单位工程观测资料分析结果符合国家和行业技术标准以及合同约定的标准要求。

工程项目施工质量同时满足下列标准时，其质量评为合格：

（1）单位工程质量全部合格；

（2）工程施工期及试运行期，各单位工程观测资料分析结果均符合国家和行业技术标准以及合同约定的标准要求。

（二）优良标准

优良等级是为工程质量创优而设置的。

单元工程施工质量优良标准按照《单元工程评定标准》或合同约定的优良标准执行。全部返工重做的单元工程，经检验达到优良标准者，可评为优良等级。

分部工程施工质量同时满足下列标准时，其质量评为优良：

（1）所含单元工程质量全部合格，其中70%以上达到优良，重要隐蔽单元工程以及关键部位单元工程质量优良率达90%以上，且未发生过质量事故。

（2）中间产品质量全部合格，混凝土（砂浆）试件质量达到优良（当试件组数小于30时，试件质量合格）。原材料质量、金属结构及启闭机制造质量合格，机电产品质量合格。

单位工程施工质量同时满足下列标准时，其质量评为优良：

（1）所含分部工程质量全部合格，其中70%以上达到优良等级，主要分部工程质量全部优良，且施工中未发生过较大质量事故；

（2）质量事故已按要求进行处理；

（3）外观质量得分率达到85％以上；

（4）单位工程施工质量检验与评定资料齐全；

（5）工程施工期及试运行期，单位工程观测资料分析结果符合国家和行业技术标准以及合同约定的标准要求。

工程项目施工质量优良标准：

（1）单位工程质量全部合格，其中70％以上单位工程质量优良等级，且主要单位工程质量全部优良。

（2）工程施工期及试运行期，各单位工程观测资料分析结果符合国家和行业技术标准以及合同约定的标准要求。

附录1

部分钢筋工程单元工程质量评定表

一、普通钢筋混凝土单元工程质量评定表(见附表1-1)

填表时必须遵守"填表基本规定",并符合以下要求:

1. 单元工程划分:宜以混凝土浇筑仓或一次检查验收范围划分。对混凝土浇筑仓号,应按每一仓号分为一个单元工程;对排架、梁、板、柱等构件,应按一次检查验收的范围分为一个单元工程。

2. 单元工程量:填写本单元工程混凝土浇筑量(m^3)。

3. 本单元工程分为基础面或施工缝处理、模板安装、钢筋制作及安装、预埋件(止水、伸缩缝等)制作及安装、混凝土浇筑(含养护、脱模)、外观质量检查6个工序,其中钢筋制作及安装、混凝土浇筑(含养护、脱模)工序宜为主要工序。本表是在表2.1.1~2.1.6工序质量验收评定后完成。

4. 单元工程施工质量验收评定应提交下列资料:

(1)施工单位应提交单元工程中所含工序(或检验项目)验收评定的检验资料,原材料、拌合物与各项实体检验项目的检验记录资料。

(2)监理单位应提交对单元工程施工质量的平行检测资料。

5. 单元工程质量标准。

合格标准:各工序施工质量验收评定应全部合格;各项报验资料应符合本标准的要求。

优良标准:各工序施工质量验收评定应全部合格,其中优良工序应达到50%及以上,且主要工序应达到优良等级;各项报验资料应符合本标准的要求。

附表 1-1　普通混凝土单元工程施工质量验收评定表

单位工程名称		单元工程量	
分部工程名称		施工单位	
单元工程名称、部位		施工日期	年 月 日～　年 月 日

项次	工序编号	工序质量验收评定等级
1	基础面、施工缝处理工序	
2	模板制作及安装工序	
3	△钢筋制作及安装工序	
4	预埋件制作及安装工序	
5	△混凝土浇筑工序	
6	混凝土外观质量检查工序	

施工单位自评意见	各工序施工质量全部合格，其中优良工序占 　　％，且主要工序达到 　　　　等级。 单元工程质量等级评定为： （签字，加盖公章）　　　　年　月　日
监理单位复核意见	经抽查并查验相关检验报告和检验资料，各工序施工质量全部合格，其中优良工序占 　　％，且主要工序达到 　　　　等级。 单元工程质量等级评定为： （签字，加盖公章）　　　　年　月　日

注1：对重要隐蔽单元工程和关键部位单元工程的施工质量验收评定应有设计、建设等单位的代表签字，具体要求应满足《水利水电工程施工质量检测与评定规程》（SL 176—2007）的规定。

注2：本表所填"单元工程量"不作为施工单位工程结算计量的依据。

二、钢筋制作及安装工序施工质量验收评定表(见附表 1-2)

填表时必须遵守"填表基本规定"，并符合以下要求：

1. 单位工程、分部工程、单元工程名称及部位填写要与附表 1-1 相同。

2. 检验(测)方法及数量：

检验项目				检验方法	检验数量
钢筋的数量、规格尺寸、安装位置				对照设计文件检查	全数
钢筋接头的力学性能				对照仓号在结构上取样测试	焊接 200 个接头检查 1 组,机械连接 500 个接头检测 1 组
焊接接头和焊缝外观				观察并记录	不少于 10 个点
钢筋连接	点焊及电弧焊(所有检验项目)			观察、量测	每项不少于 10 个点
	对焊及熔槽焊(所有检验项目)			观察、量测	每项不少于 10 个点
	绑扎连接	缺扣、松扣		观察、量测	每项不少于 10 个点
		弯钩朝向正确		观察	
		搭接长度		量测	
	机械连接	带肋钢筋冷挤压连接接头	压痕处套筒外形尺寸	观察并量测	
			挤压道次		
			接头弯折		
			裂缝检查		
		直锥螺纹连接接头(所有检验项目)			
钢筋间距、保护层				观察、量测	不少于 10 个点
钢筋长度方向					不少于 5 个点
同一排受力钢筋间距	排架、梁、柱				不少于 5 个点
	板、墙				
双排钢筋,其排与排间距					
梁与柱中箍筋间距					不少于 10 个点
保护层厚度					不少于 5 个点

3. 工序施工质量验收评定应提交下列资料：

（1）施工单位各班（组）的初检记录、施工队复检记录、施工单位专职质检员终检记录；工序中各施工质量检验项目的检验资料。

（2）监理单位对工序中施工质量检验项目的平行检测资料。

4. 工序质量标准。

合格标准：

（1）主控项目，检验结果应全部符合本标准的要求。

（2）一般项目，逐项应有70％及以上的检验点合格，且不合格点不应集中分布。

（3）各项报验资料应符合本标准的要求。

优良标准：

（1）主控项目，检验结果应全部符合本标准的要求。

（2）一般项目，逐项应有90％及以上的检验点合格，且不合格点不应集中分布。

（3）各项报验资料应符合本标准的要求。

附表 1-2　钢筋制作及安装工序施工质量验收评定表

单位工程名称		工序编号		
分部工程名称		施工单位		
单元工程名称、部位		施工日期		年 月 日～　 年 月 日

项次		检验项目	质量标准	检查（测）记录	合格数	合格率
主控项目	1	钢筋的数量、规格尺寸、安装位置	符合质量标准和设计的要求			
	2	钢筋接头的力学性能	符合规范要求和国家及行业有关规定			
	3	焊接接头和焊缝外观	不允许有裂缝、脱焊点、漏焊点，表面平顺，没有明显的咬边、凹陷、气孔等，钢筋不应有明显烧伤			

项次	检验项目			质量标准	检查(测)记录	合格数	合格率
4. 钢筋连接 主控项目	点焊及电弧焊	帮条对焊接头中心		纵向偏移差不大于0.5d			
		接头处钢筋轴线的曲折		≤4°			
		焊缝	长度	允许偏差－0.5d			
			高度	允许偏差－0.5d			
			表面气孔夹渣	在2d长度上数量不多于2个;气孔、夹渣的直径不大于3mm			
	对焊及熔槽焊	焊接接头根部未焊透深度	φ25～φ40 mm钢筋	≤0.15d			
			φ40～φ70 mm钢筋	≤0.10d			
		接头处钢筋中心线的位移		0.10d且不大于2mm			
		焊缝表面(长为2d)和焊缝截面上蜂窝、气孔、非金属杂质		≤1.5d			
	绑扎连接	缺扣、松扣		≤20%,且不集中			
		弯钩朝向正确		符合设计图纸			
		搭接长度		允许偏差－0.05设计值			
	机械连接	带肋钢筋冷挤压	压痕处套筒外形尺寸	挤压后套筒长度应为原套筒长度的1.10～1.15倍,或压痕处套筒的外径波动范围为原套筒外径的0.8～0.9倍			

项次	检验项目			质量标准	检查(测)记录	合格数	合格率
主控项目	4.钢筋连接	机械连接	连接接头 挤压道次	符合型式检验结果			
			接头弯折	≤4°			
			裂缝检查	挤压后肉眼观察无裂缝			
		直锥螺纹连接接头	丝头外观质量	保护良好,无锈蚀和油污,牙形饱满光滑			
			套头外观质量	无裂纹或其他肉眼可见缺陷			
			外露丝扣	无1扣以上完整丝扣外露			
			螺纹匹配	丝头螺纹与套筒螺纹满足连接要求,螺纹结合紧密,无明显松动,以及相应处理方法得当			
	5	钢筋间距、保护层		符合规范和设计要求			
一般项目	1	钢筋长度方向		局部偏差±1/2净保护层厚			
	2	同一排受力钢筋间距	排架、梁、柱	允许偏差±0.5d			
			板、墙	允许偏差±0.1倍间距			
	3	双排钢筋,其排与排间距		允许偏差±0.1倍排距			
	4	梁与柱中箍筋间距		允许偏差±0.1倍箍筋间距			
	5	保护层厚度		局部偏差±1/4净保护层厚			

项次	检验项目	质量标准	检查(测)记录	合格数	合格率
施工单位自评意见	主控项目检验点 100%合格，一般项目逐项检验点的合格率 ％，且不合格点不集中分布。 工序质量等级评定为： （签字，加盖公章）　　　年　月　日				
监理单位复核意见	经复核，主控项目检验点 100%合格，一般项目逐项检验点的合格率 ％，且不合格点不集中分布。 工序质量等级评定为： （签字，加盖公章）　　　年　月　日				

三、预埋件制作及安装工序施工质量验收评定表（见附表 1-3)

填表时必须遵守"填表基本规定"，并符合以下要求：

1. 单位工程、分部工程、单元工程名称及部位填写要与附表 1-1 相同。

2. 检验(测)方法及数量：

检验项目			检验方法	检验数量
止水片、止水带	片(带)外观		观察	所有外露止水片(带)
	基座		观察	不少于 5 个点
	片(带)插入深度		检查，量测	不少于 1 个点
	沥青井(柱)		观察	检查 3～5 点
	接头		检查	全数
	片(带)偏差		量测	检查 3～5 个点
	搭接长度	金属止水片		每个焊接处
		橡胶、PVC 止水带		每个连接处
		金属止水片与 PVC 止水带接头搭接长度		每个连接带
	片(带)中心线与接缝中心线安装偏差			检查 1～2 个点

检验项目		检验方法	检验数量
伸缩缝(填充材料)		观察	全部
排水系统	孔口装置	观察、量测	全部
	排水管通畅性	观察	
	排水孔倾斜度	量测	全数
	排水孔(管)位置		
	基岩排水孔		
冷却及灌浆管路	管路安装	通气、通水	所有接头
	管路出口	观察	
铁件	高程、方位、埋入深度及外露长度等	对照图纸现场观察、查阅施工记录、量测	全部
	铁件外观	观察	
	锚筋钻孔位置、钻孔底部的孔径、钻孔深度、钻孔的倾斜度相对设计轴线	量测	

3. 工序施工质量验收评定应提交下列资料：

(1) 施工单位各班(组)的初检记录、施工队复检记录、施工单位专职质检员终检记录；工序中各施工质量检验项目的检验资料。

(2) 监理单位对工序中施工质量检验项目的平行检测资料。

4. 工序质量标准。

合格标准：

(1) 主控项目，检验结果应全部符合本标准的要求。

(2) 一般项目，逐项应有 70% 及以上的检验点合格，且不合格点不应集中分布。

(3) 各项报验资料应符合本标准的要求。

优良标准：

(1) 主控项目，检验结果应全部符合本标准的要求。

(2) 一般项目，逐项应有 90% 及以上的检验点合格，且不合格点不应集中分布。

（3）各项报验资料应符合本标准的要求。

附表1-3　预埋件制作及安装工序施工质量验收评定表

单位工程名称			工序编号			
分部工程名称			施工单位			
单元工程名称、部位			施工日期	年 月 日～　年 月 日		
项次		检验项目	质量标准	检查(测)记录	合格数	合格率
止水片、止水带	主控项目	1	片(带)外观	表面平整，无浮皮、锈污、油渍、砂眼、钉孔、裂纹等			
		2	基座	符合设计要求(按基础面要求验收合格)			
		3	片(带)插入深度	符合设计要求			
		4	沥青井(柱)	位置准确、牢固，上下层衔接好，电热元件及绝热材料埋设准确，沥青填塞密实			
		5	接头	符合工艺要求			
	一般项目	1	片(带)偏差	宽	允许偏差±5mm			
				高	允许偏差±2mm			
				长	允许偏差±20mm			
		2	搭接长度	金属止水片	≥20mm，双面焊接			
				橡胶、PVC止水带	≥100mm			
				金属止水片与PVC止水带接头拴接长度	≥350mm(螺栓拴接法)			
		3	片(带)中心线与接缝中心线安装偏差	允许偏差±5mm			

项次			检验项目	质量标准	检查(测)记录	合格数	合格率
伸缩缝(填充材料)	主控项目	1	伸缩缝缝面	平整、顺直、干燥,外露铁件应割除,确保伸缩有效			
	一般项目	1	涂敷沥青料	涂刷均匀平整,与混凝土黏接紧密,无气泡及隆起现象			
		2	黏贴沥青油毛毡	铺设厚度均匀平整、牢固、搭接紧密			
		3	铺设预制油毡板或其他闭缝板	铺设厚度均匀平整、牢固、相邻块安装紧密平整无缝			
排水系统	主控项目	1	孔口装置	按设计要求加工、安装,并行防锈处理;安装牢固,不应有渗水、漏水现象			
		2	排水管通畅性	通畅			
	一般项目	1	排水孔倾斜度	允许偏差4%			
		2	排水孔(管)位置	允许偏差100mm			
		3	基岩排水孔 倾斜度 孔深不小于8m	允许偏差1%			
			孔深小于8m	允许偏差2%			
			深度	允许偏差±0.5%			
冷却及灌浆管路	主控项目	1	管路安装	安装牢固、可靠,接头不漏水、不漏气、无堵塞			
	一般项目	1	管路出口	露出模板外300~500mm,妥善保护,有识别标志			

项次		检验项目		质量标准	检查(测)记录	合格数	合格率
铁件	主控项目	1	高程、方位、埋入深度及外露长度等	符合设计要求			
	一般项目	1	铁件外观	表面无锈皮、油污等			
		2	锚筋钻孔位置	梁、柱的锚筋	允许偏差 20mm		
				钢筋网的锚筋	允许偏差 50mm		
		3	钻孔底部的孔径	锚筋直径 20mm			
		4	钻孔深度	符合设计要求			
		5	钻孔的倾斜度相对设计轴线	允许偏差 5%(在全孔深度范围内)			

施工单位自评意见	主控项目检验点 100%合格，一般项目逐项检验点的合格率 ____%,且不合格点不集中分布。 工序质量等级评定为： (签字，加盖公章)　　　　年　月　日
监理单位复核意见	经复核，主控项目检验点 100%合格，一般项目逐项检验点的合格率 ____%,且不合格点不集中分布。 工序质量等级评定为： (签字，加盖公章)　　　　年　月　日

附录 2

钢筋的公称直径、计算截面面积及理论重量

附表 2-1　钢筋的公称直径、计算截面面积及理论重量

公称直径/mm	不同根数钢筋的计算截面面积/mm²									单根钢筋理论重量/(kg/m)
	1	2	3	4	5	6	7	8	9	
6	28.3	57	85	113	142	170	198	226	255	0.222
8	50.3	101	151	201	252	302	352	402	453	0.395
10	78.5	157	236	314	393	471	550	628	707	0.617
12	113.1	226	339	452	565	678	791	904	1017	0.888
14	153.9	308	461	615	769	923	1077	1231	1385	1.21
16	201.1	402	603	804	1005	1206	1407	1608	1809	1.58
18	254.5	509	763	1017	1272	1527	1781	2036	2290	2.00
20	314.2	628	942	1256	1570	1884	2199	2513	2827	2.47
22	380.1	760	1140	1520	1900	2281	2661	3041	3421	2.98
25	490.9	982	1473	1964	2454	2945	3436	3927	4418	3.85
28	615.8	1232	1847	2463	3079	3695	4310	4926	5542	4.83
32	804.2	1609	2413	3217	4021	4826	5630	6434	7238	6.31
36	1017.9	2036	3054	4072	5089	6107	7125	8143	9161	7.99
40	1256.6	2513	3770	5027	6283	7540	8796	10053	11310	9.87
50	1964	3928	5892	7856	9820	11784	13748	15712	17676	15.42

附表 2-2　钢绞线公称直径、计算截面面积及理论重量

种类	公称直径/mm	计算截面面积/mm²	理论重量/(kg/m)
1×3	8.6	37.4	0.295
	10.8	59.3	0.465
	12.9	85.4	0.671

种类	公称直径/mm	计算截面面积/mm²	理论重量/(kg/m)
1×7 标准型	9.5	54.8	0.432
	11.1	74.2	0.580
	12.7	98.7	0.774
	15.2	139	1.101
	15.7	150	1178
	17.8	191	1500

附表 2-3   钢丝公称直径、计算截面面积及理论重量

公称直径/mm	计算截面面积/mm²	理论重量/(kg/m)
5.0	19.63	0.154
7.0	38.48	0.302
9.0	63.62	0.499

参 考 文 献

[1]《建筑施工手册》(第五版)编写编委会.建筑施工手册(第五版)[M].北京:中国建筑工业出版社,2012.

[2]《水利水电工程施工手册》编写编委会.水利水电工程施工手册(第3卷混凝土工程)[M].北京:中国电力出版社,2002.

[3]《水利水电施工工程师手册》编写编委会.水利水电施工工程师手册[M].北京:中科多媒体电子出版社,2003.

[4] 全国一级建造师执业资格考试用书编写委员会.水利水电工程管理与实务[M].第4版.北京:中国建筑工业出版社,2014.

[5] 全国二级建造师执业资格考试用书编写委员会.水利水电工程管理与实务[M].第4版.北京:中国建筑工业出版社,2015.

[6] 孙仕英.坝工模板工[M].郑州:黄河水利出版社,1997.

[7] 钟汉华.土木工程施工技术[M].第2版.北京:中国水利水电出版社,2015.

[8] 钟汉华.水利水电工程施工技术[M].第3版.北京:中国水利水电出版社,2015.

[9] 钟汉华.建筑工程施工工艺[M].第3版.重庆:重庆大学出版社,2015.

内容提要

本书是《水利水电工程施工实用手册》丛书之《钢筋工程施工》分册,以国家现行建设工程标准、规范、规程为依据,结合编者多年工程实践经验编纂而成。全书共 9 章,内容包括:钢筋、钢筋构造、钢筋图的识读与钢筋下料计算、钢筋加工、钢筋连接、钢筋的绑扎与安装、预埋件施工、钢筋工程安全施工技术、钢筋工程质量控制检查与验收。

本书适合水利水电施工一线工程技术人员、操作人员使用。可作为水利水电钢筋工程施工作业人员的培训教材,亦可作为大专院校相关专业师生的参考资料。

《水利水电工程施工实用手册》

工程识图与施工测量

建筑材料与检测

地基与基础处理工程施工

灌浆工程施工

混凝土防渗墙工程施工

土石方开挖工程施工

砌体工程施工

土石坝工程施工

混凝土面板堆石坝工程施工

堤防工程施工

疏浚与吹填工程施工

钢筋工程施工

模板工程施工

混凝土工程施工

金属结构制造与安装(上册)

金属结构制造与安装(下册)

机电设备安装